新能源类专业教学资源库建设配套教材

新能源利用与开发

段春艳　班　群　皮琳琳　主编

何金伟　冯　源　副主编

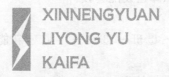

XINNENGYUAN
LIYONG YU
KAIFA

 化学工业出版社

·北京·

本教材按照知识内容分为能源与需求、太阳能开发与利用技术、生物质能开发与利用技术、风能开发与利用技术、氢能开发与利用技术、燃料电池开发与利用技术、新型核能开发与利用技术、其他新能源开发与利用技术 8 章，每章按照内容划分了知识目标、知识描述与可练习项目三个部分，给出了部分实验项目，可以根据实际情况选取适当的项目练习，为培养具有一定创新和工艺技术改进能力的高端技术技能型人才奠定基础。

本教材可作为高职高专光伏、风电等新能源相关专业的导论性教材，也可供新能源类产业方面的技术人员学习和参考。

图书在版编目（CIP）数据

新能源利用与开发/段春艳，班群，皮琳琳主编 . —北京：
化学工业出版社，2016.8（2024.2 重印）
新能源类专业教学资源库建设配套教材
ISBN 978-7-122-27440-3

Ⅰ.①新⋯　Ⅱ.①段⋯ ②班⋯ ③皮⋯　Ⅲ.①新能源-高等
学校-教材　Ⅳ.①TK01

中国版本图书馆 CIP 数据核字（2016）第 143316 号

责任编辑：刘　哲　　　　　　　　　　　　　　装帧设计：韩　飞
责任校对：王素芹

出版发行：化学工业出版社（北京市东城区青年湖南街 13 号　邮政编码 100011）
印　　装：北京建宏印刷有限公司
787mm×1092mm　1/16　印张 10　字数 242 千字　2024 年 2 月北京第 1 版第 7 次印刷

购书咨询：010-64518888　　　　　　售后服务：010-64518899
网　　址：http：//www.cip.com.cn
凡购买本书，如有缺损质量问题，本社销售中心负责调换。

定　　价：28.00 元

随着煤炭、石油等不可再生能源可开采量的减少，关系国计民生的能源短缺问题日益突出，而且传统能源所带来的环境污染问题也急需解决，发展清洁可再生能源是中国走可持续发展之路的必然选择，新能源势必将在未来中国经济发展中起到举足轻重的作用。

新能源产业包括太阳能、风能、生物质能、氢能、海洋能等，世界各国投入了大量的人力财力开展相关研究。目前产业化的有太阳能、风能、部分生物质能，其余的尚处于示范点的阶段。由于新能源产业的快速发展，训练有素的产业技术工人和从事新能源技术的专业技术人才大量短缺。职业教育与行业发展紧密相关，大规模培养造就高级技术技能型人才，对于贯彻人才强国战略、提升自主创新能力和产业竞争力、促进产业转型升级以及促进就业，都具有重要意义。

本教材是新能源类相关专业的导论性教材，对高职高专光伏、风电等新能源相关专业学生的学习会有较大的帮助，在完善知识体系的基础上，增加了相关的实验项目，促进学生对新能源类技术的了解和兴趣，具有较强的教学实施性。本教材也可供新能源类产业方面的技术人员学习和参考。

本教材按照知识内容划分为能源与需求、太阳能开发与利用技术、生物质能开发与利用技术、风能开发与利用技术、氢能开发与利用技术、燃料电池开发与利用技术、新型核能开发与利用技术、其他新能源开发与利用技术8章。每个章节按照内容划分了知识目标、知识描述与可练习项目三个部分，让学生能够根据知识目标全面进行学习。同时给出了部分实验项目，使学生可以根据实际情况选取适当的项目练习，提高理论知识水平与实践技能，为培养具有一定创新和工艺技术改进能力的高端技术技能型人才奠定基础。

本教材由段春艳、班群、皮琳琳任主编，何金伟、冯源任副主编。段春艳编写第1章至第3章，班群编写第5、6章，皮琳琳编写第4、8章，冯源编写第7章。

教材整体资料的校准、修订和补充主要由段春艳完成。何金伟负责教材的电子配套教学资源建设。参加本书编写的还有章大钧、胡昌吉、屈柏耿和谭建斌。本书在编写过程中得到了中山大学太阳能系统研究所、顺德中山大学太阳能研究院等单位的大力支持与帮助，在此表示衷心的感谢！

由于编者水平有限，书中不足之处在所难免，恳请读者批评指正，提出宝贵意见，以便重印和修订时及时改正。

编者

目 录

第4章　　风能开发与利用技术　　　　　　　　　　　78

第5章　　氢能开发与利用技术　　　　　　　　　　　98

第6章　燃料电池开发与利用技术 —————————— 111

第7章　新型核能开发与利用技术 —————————— 123

第 **1** 章

能源与需求

1.1 能源及分类

知识目标

① 了解能源的概念。

② 了解能源的分类。

③ 了解能源与人类的需求关系。

【知识描述】

1.1.1 能源的概念

（1）能量

能量是量度物体做功能力或物质运动的物理量。所谓能量，简单地说就是"做功的能力"。反过来说，产生某种效果或变化，必然伴随能量的消耗和转换。宇宙间一切运动着的物体，都具有能量，人类的一切活动都与能量及其使用紧密相关。

能量形式有机械能、化学能、原子能等。各种能量形式之间可以互相转换。

（2）能源

关于能源的定义，目前约有 20 种。《科学技术百科全书》解释为：能源是可从其获得热、光和动力之类能量的资源。《大英百科全书》认为：能源是一个包括着所有燃料、流水、阳光和风的术语，人类用适当的转换手段便可让它为自己提供所需的能量。《日本大百科全书》认为：在各种生产活动中，我们利用热能、机械能、光能、电能等来做功，作为这些能量源泉的自然界中的各种载体，称为能源。中国的《能源百科全书》认为：能源是可以直接或经转换提供人类所需的光、热、动力等任一形式能量的载能体资源。

简单地说，能源是指自然界中可以为人类提供能量的物质资源；或者可以描述为比较集中的含能体，或可以直接或经转换提供人类所需的光、热、动力等任何形式能量的载能体资源，包括能够直接取得或者通过加工、转换而取得有用能量的各种资源，如煤炭、原油、天然气、煤层气、水能、核能、风能、太阳能、地热能、生物质能等。

1.1.2 能源的分类

能源种类繁多，根据不同的划分方式，分为不同的类型。

（1）按照能源的形成和来源划分

第一类 来自地球以外的天体的能量，主要是太阳能。有直接来自太阳，直接照射到地球上的光和热能；有间接地来自太阳的能源，如常见的煤炭、石油、天然气以及生物质能、水能、海洋热能和风能等。

人类所需能量的绝大部分都直接或间接地来自太阳。各种植物通过光合作用把太阳能转变成化学能在植物体内储存下来。煤炭、石油、天然气等化石燃料也是由古代埋在地下的动植物经过漫长的地质年代形成的，实质上是由古代生物固化下来的太阳能。此外，水能、风能、波浪能、海流能等也都是由太阳能转换的（图1-1）。

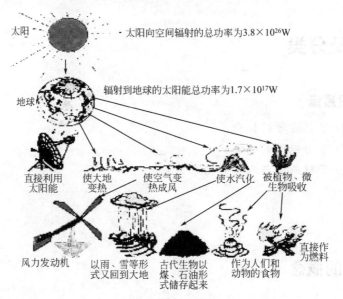

图 1-1 太阳能的转化

第二类 地球本身蕴藏的能量，主要指地热能、原子能等。一种是地球内部蕴藏着的地热能，常见的地下蒸汽、温泉、火山爆发的能量都属于地热能。地球可分为地壳、地幔和地核三层，它是一个大热库（图1-2）。可见，地球上的地热资源储量很大。另一种是地球上存在的铀、钍、锂等核燃料所蕴有的能量，这些材料是原子能的储存体。

第三类 地球与其他天体引力相互作用产生的能量。主要是指太阳和月亮等星球对大海的引潮力所产生的涨潮和落潮所拥有的巨大潮汐能。

（2）按照能源的基本形态划分

一次能源即天然能源，指在自然界现成存在，可直接取得而不改变其基本形态的能源，例如煤炭、石油、天然气、水能、风能、地热能等。其中包括水、石油和天然气在内的三种能源是一次能源的核心，成为全球能源的基础。

二次能源即人工能源，是指一次能源经人为加工转换成另一种形态的能源产品，如汽油、柴油、水电、蒸汽、煤气、焦炭、沼气等。

（3）按照能源能否再生划分

一次能源分为可再生能源和非可再生能源。

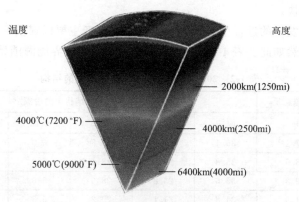

图 1-2 地球内部的温度

可再生能源 在自然界中可以不断再生并规律地得到补充的能源，如太阳能、风能、水能、生物质能、地热能、潮汐能等。

不可再生能源 经亿万年形成，一旦消耗在短期内无法恢复的能源，如煤炭、石油、天然气、油页岩等。

（4）按照能源的性质划分

有燃料型能源 包括矿物燃料（煤、石油、天然气）、生物燃料（薪材、沼气、有机废物）、化工燃料（甲醇、乙醇、丙烷等）、核燃料（铀、钍）。人类利用自己体力以外的能源是从用火开始的，最早的燃料是木材，以后用各种化石燃料等。

非燃料型能源 有的具有机械能，如水能、风能；有的含有热能，如地热能、海洋热能；有的含有光能，如太阳能、激光。

（5）按照能源使用的类型划分

常规能源 经过人类长期研究、开发和利用，技术上已相对成熟，并且大规模使用的能源，包括一次能源中的可再生的水力资源和不可再生的煤炭、石油、天然气、电力等。

新型能源 相对于常规能源来说，是指人类新近才开发利用，目前还没有普及和大规模使用的能源，主要包括太阳能、风能、地热能、生物质能、氢能、海洋能等。

（6）按照能源消耗后是否造成环境污染划分

非清洁型能源 对环境污染较大的能源，如煤炭、油页岩、石油等。

清洁型能源 对环境无污染或污染小的能源，如太阳能、水能、氢能等。

能源分类的划分是相对的，不是绝对的。当前主要分类如表 1-1 所列。

表 1-1 能源的分类

		常规能源	新能源
一次能源	可再生能源	水力能　生物质能	太阳能　海洋能　风能　地热
	非可再生能源	煤炭　石油　天然气　油页岩　沥青砂　核裂变燃料	核聚变能量
二次能源		煤炭制品　石油制品　发酵酒精　沼气　氢能电力　激光　等离子体	

1.1.3　能源的利用

随着人类社会经济的发展，能源的使用量增长得非常快。例如 1965 年能源使用量不足 40 亿吨油当量，到 2009 年增长到了 111 亿吨油当量。而且随着经济的快速发展，能源的使用量增长速率越来越快。

在过去人类社会发展的过程中，世界能源的消费类型主要以煤炭、石油、天然气、水能等为主，到了今天依然如此。表 1-2 给出了 2005～2014 年世界能源消费的结构。

表 1-2 　2005～2014 年世界能源消费的结构

年份	一次能源总量 Mtoe	一次能源结构中的份额/%					
		原油	天然气	原煤	核能	水力发电	再生能源
2005 年	10537.1	36.4	23.5	27.8	6.0	6.3	
2006 年	10878.5	35.8	23.7	28.4	5.8	6.3	
2007 年	11099.3	35.6	23.8	28.6	5.6	6.4	
2008 年	11294.9	34.8	24.1	29.2	5.5	6.4	
2009 年	11164.3	34.8	23.8	29.4	5.4	6.6	
2010 年	12002.4	33.6	23.8	29.6	5.2	6.5	1.3
2011 年	12225.0	33.4	23.8	29.7	4.9	6.5	1.7
2012 年	12476.6	33.1	23.9	29.9	4.5	6.7	1.9
2013 年	12730.4	32.9	23.7	30.1	4.4	6.7	2.2
2014 年	12928.4	32.6	23.7	30.0	4.4	6.8	2.5

(1) 煤炭

煤炭是埋在地壳中亿万年以上的树木和其他植物，由于地壳变动等原因，经受一定的压力和温度作用而形成的含碳量很高的可燃物质（图 1-3），又称作原煤。由于各种煤的形成年代不同，碳化程度深浅不同，可将其分类为无烟煤、烟煤、褐煤、泥煤等几种类型，并以其挥发物含量和焦结性为主要依据，烟煤又可以分为贫煤、瘦煤、焦煤、肥煤、漆煤、弱粘煤、不念煤、长焰煤等。

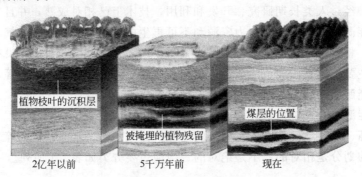

植物枝叶的沉积层　　　被掩埋的植物残留　　　煤层的位置

2亿年以前　　　　　5千万年前　　　　　现在

图 1-3 　煤炭的变化图

煤炭既是重要的燃料，也是重要的化工原料。20 世纪以来，煤炭主要用于电力生产和钢铁工业中，某些国家蒸汽机车用煤比例也很大。电力工业多用较低品质煤（灰分大于30％）；蒸汽机车用煤则要求质量较高，灰分需要低于 25％，挥发分含量要求大于 25％，易燃并具有较长的火焰。由煤转化成为液体和气体合成燃料，对补充石油和天然气的使用具有重要意义。

中国煤炭资源分布面广，从煤炭资源的分布区域看，华北地区最多，占全国保有储量的49.25％，其次为西北地区，占全国的 30.39％，其他依次为西南地区，占 8.64％、华东地区，占 5.7％、中南地区，占 3.06％，东北地区，占 2.97％。按省、市、自治区计算，山西、内蒙古、陕西、新疆、贵州和宁夏 6 省区最多，这 6 省的保有储量约占全国的 81.6％。

（2）石油

石油是埋藏在地下的一种可燃性液体能源，是由多种物质组成的混合物。关于石油的形成，主要是由沉积岩中的有机物质变成的。在已发现的油田中，99％以上是分布在沉积岩区。地壳运动使得石油和天然气被截留在不渗透岩层或盖岩（例如花岗石或大理石）之间的储油岩内。

石油按照主要用途可以分为两类：一类为燃料，如液化石油气、汽油、喷气燃料、煤油、柴油、燃料油等；另一类作为原材料，如润滑油、润滑脂、石油蜡、石油沥青、石油焦以及石油化工原料等。图 1-4 列举了主要的石油炼制品及其综合利用。88％开采的石油被用作燃料，12％作为化工原材料。

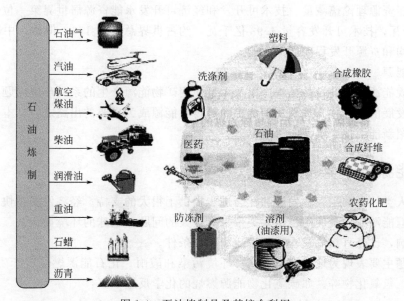

图 1-4　石油炼制品及其综合利用

从已探明的石油储量看，2015 年世界石油储量约 2100 亿吨（14705 亿桶）。目前世界有七大储油区，第一大储油区为中东地区，第二位为拉丁美洲地区，第三是俄罗斯，第四是非洲，第五是北美洲，第六是西欧，第七是东南亚。七大油区储油量占世界石油总量的 95％。

（3）天然气

广义来说，天然气是指自然界中天然存在的一切气体，包括大气圈、水圈、生物圈和岩石圈中各种自然过程形成的气体。从能量角度出发的狭义定义，是指天然蕴藏于地层中的烃类和非烃类气体的混合物，其组成以烃类为主，并含有非烃类气体。天然气主要由甲烷、乙烷、丙烷和丁烷等烃类组成，其中甲烷占 80％～90％。

天然气主要存在于油田气、气田气、煤层气、泥火山气和生物生成气中，也有少量出于煤层。天然气主要有两种类型。一是伴生气，由原油中的挥发性组分组成。约有 40％的天然气与石油一起伴生，称油田气，它溶解于石油中或是形成石油构造中的气帽，并对石油储藏提供气压。二是非伴生气，与液体油的积聚无关，可能是一些植物体的衍生物。60％的天然气为非伴生气，即气田气，埋藏更深。

天然气的主要用途是做燃料，可制造炭黑、化学药品和液化石油气，由天然气生产的丙烷、丁烷是现代工业的重要原料。采用天然气作为能源，可减少煤和石油的用量，大大改善环境污染问题。天然气能减少二氧化碳排放量 60％和氢氧化物排放量 50％，并减少酸雨形成，舒缓地球温室效应，从根本上改善环境质量。但是对于温室效应，天然气跟煤炭、石油一样会产生二氧化碳，因此不能把天然气当做新能源。

（4）水能

水能资源最显著的特点是能再生，无污染。开发水能对改善能源消费结构、缓解由于消耗煤炭、石油资源所带来的环境污染有重要意义。世界上许多国家，例如美洲、欧洲、亚洲的一些国家，地势高差大，降水量丰富，众多河流蕴藏着丰富的水能资源，河流纵横，径流量巨大，水能蕴藏量丰富，所以许多国家都优先开发水电。法国、意大利水能资源开发程度超过90%，美国、加拿大、日本、挪威、瑞士、瑞典、英国等也达到了40%～70%。目前，世界水力发电量约为21000亿千瓦时，占世界总发电量的17%。

中国水能资源理论蕴藏量、技术可开发和经济可开发水能资源居世界第一位，理论蕴藏量6.76亿千瓦，技术可开发容量4.93亿千瓦，约占世界总量的1/6。但是，中国水能资源存在分布不均和资源开发程度低的问题。

（5）新能源

随着常规能源资源的日益枯竭，以及大量使用矿物能源产生的系列环境问题，人类必须寻找可持续发展的能源，开发利用新能源和可再生能源成为重要的出路之一。本书的有关章节将详细介绍新能源技术及其应用情况。

1.1.4 能源与环境

能源为人类社会的生存、发展和社会进步提供了很大的支持。经济发展越快，能源利用量也越大。但能源的大量使用也给人类带来了很大的问题，地球的环境如空气、气候等受到了很大的影响，已经直接危及人类的生活和生存条件。

环境问题主要表现为地球温室效应、环境污染和酸雨。化石能源燃烧后产生二氧化碳、硫磺氧化物、氢氧化物等。如碳氢化物能源燃烧的化学反应如下：

$$C_x H_y + O_2 \longrightarrow H_2O + CO_2 + SO_2 + NO_x$$

人类在近一个世纪以来大量使用矿物燃料（如煤、石油等），排放出大量的 CO_2 等多种温室气体（图1-5）。由于这些温室气体对来自太阳辐射的短波具有高度的透过性，而对地球反射出来的长波辐射具有高度的吸收性，也就是常说的"温室效应"，导致全球气候变暖。全球变暖的后果，会使全球降水量重新分配、冰川和冻土消融、海平面上升等，既危害自然生态系统的平衡，更威胁人类的食物供应和居住环境。

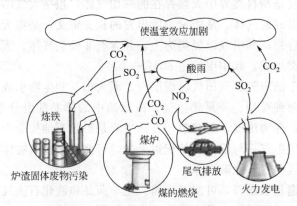

图1-5 化石燃料造成温室效应和酸雨的原因

酸雨是由于空气中二氧化硫（SO_2）和氮氧化物（NO_x）等酸性污染物引起的 pH 值小于 5.6 的酸性降水。受酸雨危害的地区，出现了土壤和湖泊酸化，植被和生态系统遭受破坏，建筑材料、金属结构和文物被腐蚀等一系列严重的环境问题。酸雨在 20 世纪 50～60 年代最早出现于北欧及中欧，当时北欧的酸雨是欧洲中部工业酸性废气迁移所致，70 年代以来，许多工业化国家采取各种措施，防治城市和工业的大气污染。但是，全世界使用矿物燃料的量有增无减，也使得受酸雨危害的地区进一步扩大。我国在 80 年代，酸雨主要发生在西南地区，到 90 年代中期，已发展到长江以南、青藏高原以东及四川盆地的广大地区。

环境污染是面临的重要问题，包括海洋污染、空气污染、放射性污染、大气污染等。如海洋污染主要是由于从油船与油井漏出来的原油、农田用的杀虫剂和化肥、工厂排出的污水、矿场流出的酸性溶液，它们使得大部分的海洋湖泊都受到污染，结果不但海洋生物受害，就是鸟类和人类也可能因吃了这些生物而中毒，并进入生物链。空气污染是最为直接与严重的了，主要来自工厂、汽车、发电厂等放出的一氧化碳和硫化氢等，每天都有人因接触了这些污浊空气而染上呼吸器官或视觉器官的疾病。放射性污染是指由于人类活动造成物料、人体、场所、环境介质表面或者内部出现超过国家标准的放射性物质或者射线。大气污染是指空气中污染物的浓度达到或超过了有害程度，导致破坏生态系统和人类的正常生存和发展，对人和生物造成危害。

1.1.5　能源的可开采年数

化石燃料（原煤、原油和天然气）的"探明储量"与当年该化石燃料总产量的比值计算的储采比意味着该探明储量的可开采年限。随着探明的资源量的波动，储采比有所波动，但也可反映该化石燃料的大约开采年数。根据 BP 公司每年发布的《世界能源统计年鉴》，2013 年，已探明储量的原煤、原油和天然气的可开采年限分别为 113 年、53.3 年和 54.8 年。

此外，铀已探明储量 436 万吨，可供 72 年使用。海水中的铀可供使用 1 万年，利用钍为燃料的增殖核反应堆可使用 100 万年。

利用热核反应，海水中的锂能源可开采年限为 1600 万年（DT 反应），而利用重水的DD 反应，则开采年限为 60 亿年，将成为人类取之不尽、用之不竭的新型能源。

水能是可再生能源，可开采 3.8 亿千瓦，已开发 0.72 亿千瓦。风能是可再生能源，是目前世界上增长最快的能源，年增长率达 27％，2.5 亿千瓦。太阳能是可再生能源，620kcal/（cm^2·a）（1cal＝4.18J），平均年日照 2000h。生物质能是仅次于煤炭、石油和天然气而居于世界能源总量第 4 位的能源。

中国化石能源资源的储量构成如图 1-6 所示，以煤炭为主，占 94.22％；石油和天然气占比比较小，分别为 2.73％和 3.05％。图 1-7 给出了中国与世界各类主要能源储量和消费时间的比较。

（数据来源：中国统计年鉴 2013）

图 1-6　中国化石能源资源储量构成

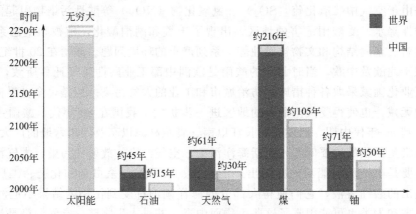

图 1-7　中国与世界各类主要能源的储量和消费年限预测

【可练习项目】

（1）调查我国主要使用的各类能源资源储量及使用情况。

（2）查阅各类资料，分析能源与环境的关系。

1.2　新能源及应用

 知识目标

① 了解新能源的定义。

② 了解新能源的种类。

③ 了解新能源的应用现状。

④ 了解新能源应用的优缺点。

【知识描述】

1.2.1　新能源的定义

新能源是相对于常规能源而言的一个概念，是以采用新技术和新材料而获得，在新技术基础上系统地开发利用的能源。1980 年联合国召开的"联合国新能源和可再生能源会议"对新能源的定义为：以新技术和新材料为基础，使传统的可再生能源得到现代化的开发和利用，用取之不尽、周而复始的可再生能源取代资源有限、对环境有污染的化石能源，重点开发太阳能、风能、生物质能、潮汐能、地热能、氢能和核能（原子能）。

新能源一般是指在新技术基础上加以开发利用的可再生能源，包括太阳能、生物质能、水能、风能、地热能、波浪能、洋流能和潮汐能，以及海洋表面与深层间的热循环等；此外，还有氢能、沼气、酒精、甲醇等。

已经广泛利用的煤炭、石油、天然气等能源，称为常规能源。随着常规能源的有限性以及环境问题的日益突出，以环保和可再生为特质的新能源得到各国的重视。

1.2.2　新能源在能源供应中的作用

在能源、气候、环境问题日益严重的今天，大力发展新能源和可再生能源不仅是适宜、必要的，更是符合国际发展趋势的。清洁化和低碳化是能源发展的方向。

(1) 发展新能源和可再生能源是建立可持续能源系统的必然选择

人类社会的可持续发展必须以能源的可持续发展为基础。到目前为止，石油、天然气和煤炭等化石能源系统仍然是世界经济的三大能源支柱。这些能源除了资源的有限性，使用中还带来环境污染的问题。

新能源和可再生能源的利用，符合可持续发展的基本要求。首先，资源丰富，分布广泛，具备替代化石能源的良好条件。其次，技术逐步趋于成熟，作用日益突出，并且经济可行性在不断地改善，在某些特定的地区和应用领域已经表现出较强的市场竞争力，如小水电、地热发电、太阳能热水器、地热采暖技术和微型光伏发电系统等。新能源和可再生能源已经成为现代能源系统中的一个不可缺少的部分。

(2) 发展新能源和可再生能源是减少温室气体排放的一个重要手段

随着哥本哈根会议的召开，温室气体的减排再一次引起全球的重视。自从工业革命以来，约80%的温室气体造成的附加气候强迫是人类活动引起的，其中CO_2的作用约占60%。可见，CO_x是大气中的主要温室气体类型，而化石燃料的燃烧是能源活动中CO_2的主要排放源。加拿大研究人员在2016年5月的《自然·气候变化》杂志上报告说，如果全部燃烧地球已知化石燃料，相当于向大气排放5万亿吨CO_2，将导致到2300年全球平均气温上升8℃；如果将其他温室气体排放的影响也考虑进去，气温升幅可能达到近10℃。如果不采取措施控制CO_2排放量，全球变暖效应比此前估算要严重不少。瑞士苏黎世联邦理工大学学者托马斯·弗勒利希在《自然·气候变化》配发的一篇评论中说，以目前全球使用化石燃料的趋势，温室气体排放所导致的升温幅度将超过《巴黎协定》所制定、将全球平均气温升幅较工业化前水平控制在2℃之内的目标。

新能源和可再生能源只有很少的污染物排放，清洁干净。目前各种发电方式的碳排放率（碳/kW·h）：煤发电为275，油发电为204，天然气发电为181，太阳能热发电为92；太阳能光伏发电为55，波浪发电为41，海洋温差发电为36，潮流发电为35，风力发电为20，地热发电为11，核能发电为8，水力发电为6。这些数据是以各种发电方式用的原料和燃料的开采利用率、发电设备的制造、电网的建设、电力设备的运行发电以及维护保养和废弃物排放与处理所有循环中消费的能耗，按照各种发电方式在寿命期间的发电量计算得出的。

(3) 发展新能源和可再生能源对维护国家能源安全意义重大

开发国内丰富的可再生能源，建立多元化的能源结构，不仅可以满足经济增长对能源的需求，并且有利于丰富能源供应，建立能源供应安全。

目前在能源使用结构中，我国主要是利用煤炭、石油、天然气等资源。但是我国从1993年和1996年分别成为油品和原油的净进口国，随着国民经济的增长，我国石油进口依存度逐步增加，将由2001年的34%增加到2030年的82%。国际石油市场的不稳定以及油价的波动会严重影响我国石油的供给，对经济和社会造成很大的影响和冲击。

石油是战略物资，石油引发的各种争端层出不穷。伊拉克战争、阿富汗战争过后，中东乃至中亚不稳定因素依然存在，世界恐怖主义也威胁着包含俄罗斯、印度尼西亚以及拉美等石油储量丰富的国家。天然气在中国有着广阔的发展前景，但2000年进口依存度达到6%，

2010 年达到 12.8％。在进口依存度逐渐增加的情况下，我国能源供应的稳定性不可能不受到国际社会的影响。

可再生能源属于本地资源，其开发和利用过程都在国内开展，受到外界因素的影响较小。新能源和可再生能源通过一定的工艺技术，可以转化为电力，也可以直接或间接转换为液体燃料，如乙醇燃料、生物柴油和氢燃料等，为各种移动设备提供能源。

1.2.3　新能源的发展现状

(1) 太阳能

太阳能是绿色、清洁、无污染、取之不竭、用之不尽的一种可再生能源。世界主要国家纷纷发展太阳能，从 2004 年到目前，全球太阳能装机容量持续快速增加，2014 年全球光伏装机容量增加 40GW（图 1-8）。

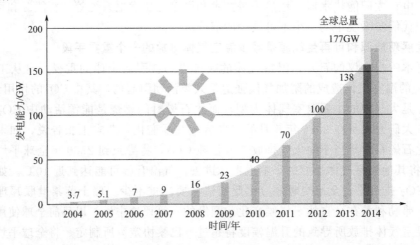

图 1-8　2004～2014 年全球光伏发电能力（2014 年增加 40GW）

在能源转型战略的支持下，德国已经成为世界上最大的"太阳能发电厂"，据统计，在 2014 年夏天的某些时段，太阳能发电甚至占到了全国用电需求的一半。如今，德国有 140 万个太阳能发电设施，多数是家庭或合作社拥有的屋顶太阳能，数量在各种发电厂中居第一。据美国太阳能产业联合会发布的数据，2014 年美国民用太阳能市场连续第三年增速超过 50％，太阳能发电占美国总发电量的 32％，仅次于天然气。中国成为世界太阳能光伏生产和应用的重要国家。2014 年，中国太阳能光伏发电累计装机容量仅次于德国，居世界第二位。

(2) 风能

风能是可再生能源之一，清洁，无污染，在一些国家已成为能源的重要组成部分。2015 年 5 月，世界风能协会发布的全球风电发展报告指出，2014 年全球风电产业发展形势良好，新增风电装机量刷新历史纪录。据统计，全球新增风电装机容量 52.52GW，同比增长 44％。截至 2014 年年底，全球风电机组累计装机容量 371.34GW，同比增长 16.6％。2014 年全球风电年发电量达到 7500 亿千瓦时/年，到 2014 年年底风电占全球电力需求比例为 3.4％。风电利用比例高的国家如丹麦为 39％，西班牙为 21％，葡萄牙大于 20％，爱尔兰 16％，德国为 10％，乌拉圭大于 10％。图 1-9 显示了 1997～2014 年全球风电累计装机容量，从中可以看出，风电产业发展迅速，势头良好。

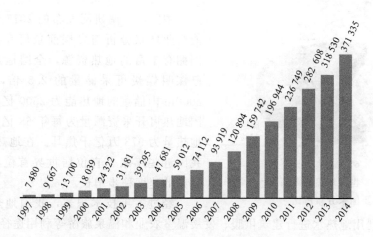

图 1-9 1997～2014 年全球风电累计装机容量（MW）

2015 年，我国风电产业继续保持强劲势头，全年风电新增装机容量 3297 万千瓦，新增装机容量再创历史新高，累计并网装机容量达到 1.29 亿千瓦，占全部发电装机容量的 8.6%。2015 年，风电发电量 1863 亿千瓦时，占全部发电量的 3.3%。2015 年，新增风电核准容量 4300 万千瓦，同比增加 700 万千瓦，累计核准容量 2.16 亿千瓦，累计核准在建容量 8707 万千瓦。

（3）生物质能

目前，生物质能技术的研究与开发已成为世界重大热门课题之一，受到世界各国政府与科学家的关注。许多国家都制定了相应的开发研究计划，如日本的阳光计划、印度的绿色能源工程、美国的能源农场和巴西的酒精能源计划等，其中生物质能源的开发利用占有相当的比重。

在美国，生物质能发电的总装机容量已超过 10000MW，单机容量达 10～25MW。美国纽约的斯塔藤垃圾处理站投资 2000 万美元，采用湿法处理垃圾，回收沼气，用于发电，同时生产肥料。巴西是乙醇燃料开发应用最有特色的国家，实施了世界上规模最大的乙醇开发计划，目前乙醇燃料已占该国汽车燃料消费量的 50% 以上。美国开发出利用纤维素废料生产酒精的技术，建立了 1MW 的稻壳发电示范工程，年产酒精 2500t。

我国发展生物质能具备很多有利条件，生物质能蕴藏量丰富，有大量的农林副产品、剩余物、废弃物。据测算，我国可供开发生物质能源的生物质资源至少达到 4.5 亿吨标准煤。全国还有约 20 亿亩宜农、宜林荒山荒地可用于发展能源农业和能源林业。但我国生物质能原料分布明显不均，最大的是广西地区。除了传统的风能、核能、太阳能之外，生物质能源正在以其独特的优势成为国家能源战略中的重要选择之一。

（4）地热能

地热能是储存于地球内部的一种巨大的能源。地球内部热源来自重力分异、潮汐摩擦、化学反应和放射性元素衰变释放的能量等。地热发电是地热利用的主要方式，地热能在采暖、供热、农业、医学等领域应用广泛。

从 2010 年 4 月在印度尼西亚巴厘岛召开的世界地热大会发布的数据来看，全世界共有 78 个国家在利用地热能，27 个国家利用其发电（10715MW），美洲和亚洲分别占世界总装机量的 39.9% 和 35.1%。图 1-10 给出了世界地热资源储量主要国家分布占比。冰岛和萨尔瓦多的地热发电量高达本国用电量的 1/4。

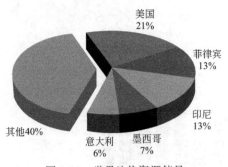

图1-10　世界地热资源储量
主要国家分布占比

中国产业调研网发布的2015年版中国地热能行业现状分析与发展前景研究报告认为：我国拥有丰富的地热资源，全国地热可采储量是已探明煤炭可采储量的2.5倍，其中距地表2000m内储藏的地热能为2500亿吨标准煤。全国地热可开采资源量为每年68亿立方米，所含地热量为973万亿千焦耳。在地热利用规模上，我国近些年来一直位居世界首位，并以每年近10%的速度稳步增长。

经过多年技术积累，我国地热发电效益显著提升。直接利用地热水进行建筑供暖、发展温室农业和温泉旅游等利用途径也得到较快发展。全国已经基本形成以西藏羊八井为代表的地热发电、以天津和西安为代表的地热供暖、以东南沿海为代表的疗养与旅游和以华北平原为代表的种植和养殖的开发利用格局。

(5) 海洋能

海洋能源通常指海洋中所蕴藏的可再生的自然能源，主要为潮汐能、波浪能、海流能（潮流能）、海水温差能和海水盐差能。

全球海洋能的可再生量很大。根据联合国教科文组织1981年出版物的估计数字，五种海洋能理论上可再生的总量为766亿千瓦。其中温差能为400亿千瓦，盐差能为300亿千瓦，潮汐和波浪能各为30亿千瓦，海流能为6亿千瓦。但难以实现把上述能量全部取出，只能利用较强的海流、潮汐和波浪；利用大降雨量地域的盐度差，而温差利用则受热机卡诺效率的限制。因此，估计技术上允许利用功率为64亿千瓦，其中盐差能30亿千瓦，温差能20亿千瓦，波浪能10亿千瓦，海流能3亿千瓦，潮汐能1亿千瓦（估计数字）。

海洋能的强度较常规能源为低。海水温差小，海面与500～1000m深层水之间的较大温差仅为20℃左右；潮汐、波浪水位差小，较大潮差仅7～10m，较大波高仅3m；潮流、海流速度小，较大流速仅4～7kn（1kn=1.852km/h）。即使这样，在可再生能源中，海洋能仍具有可观的能流密度。以波浪能为例，每米海岸线平均波功率在最丰富的海域是50kW，一般的有5～6kW，后者相当于太阳能流密度。又如潮流能，最高流速为3m/s的舟山群岛潮流，在一个潮流周期的平均潮流功率达4.5kW/m²。

潮汐能的主要利用方式为发电，目前世界上最大的潮汐电站是法国的朗斯潮汐电站。我国海洋能开发已有近40年的历史，迄今建成的潮汐电站8座，江夏潮汐实验电站为国内最大，其他正在运行发电的潮汐电站还有海山潮汐电站、沙山潮汐电站、福建平潭县潮汐电站等。这8座潮汐电站总装机容量为6000kW，年发电量1000余万千瓦时。现在，我国潮汐发电量仅次于法国、加拿大，居世界第三位。但现有潮汐电站整体规模和单位容量还很小，单位千瓦造价高于常规水电站，水工建筑物的施工还比较落后，水轮发电机组尚未定型标准化。其中关键问题是中型潮汐电站水轮发电机组技术问题没有完全解决，电站造价亟待降低。

1.2.4　新能源的未来

国际能源署（IEA）对2000～2030年国际电力的需求进行了研究，研究表明，来自可再生能源的发电总量年平均增长速度将最快。IEA的研究认为，在未来30年内非水利的可再生能源发电将比其他任何燃料的发电都要增长得快，年增长速度近6%，在2000～2030

年间其总发电量将增加 5 倍，到 2030 年，它将提供世界总电力的 4.4%，其中生物质能将占其中的 80%。图 1-11 给出了 2000～2100 年的世界能源结构预测。

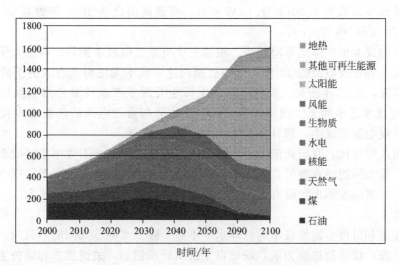

图 1-11　2000～2100 年世界能源的结构预测

【可练习项目】

（1）如何判断某种能源是否是新能源？

（2）查阅资料，选取其中一种新能源开展调研活动，写出该新能源发展现状报告。

1.3　新能源发展政策

知识目标

① 了解国际新能源发展的动向。

② 了解世界上发达国家在新能源发展方面采取的措施与政策。

③ 了解我国在新能源发展方面采取的措施与政策。

【知识描述】

1.3.1　新能源发展的影响因素

（1）成本及价格

在制约新能源发展的诸多因素中，发电成本过高是一个关键性瓶颈制约因素。在市场经济条件下，企业和用户天然具有选择低价能源的倾向，如果具有绿色、低碳、无污染等环保优势的新能源成本能降到和传统能源不相上下，必将推动新能源的大量使用。

从整体趋势来看，新能源的成本及价格呈下降趋势。以风电为例，2008～2013 年，全球风电投资成本至少降低了 33%。海上风电成本大概是陆上风电的 2～3 倍。运维成本大概占到风电总成本的 15%～25%，包括计划或非计划维护、备件、保险、管理、租金等。运

维成本真实数据很难获取，所以只能知其大概。据统计，运维成本从 2009 年至 2013 年下降了约 44%。在容量系数为 25% 条件下，2013 年度风电运维成本大概是 0.1025 美分/(kW·h)。海上风电运维成本最低为 0.20 美分/(kW·h)，而最高值已从 2007 年的 0.48 美分提高至 2013 年的 0.70 美分/(kW·h)。

光伏发电的成本也整体呈下降趋势。根据光伏电池发电成本测算，目前太阳能并网发电的成本约为火电等常规电源的 10 倍，且中短期内这一成本无法得到有效的下降。根据 IEA 和 EPIA 的研究，2020 年前光伏发电成本的下降主要源于产业政策补贴和规模化，2020~2040 年间通过技术进步和光伏利用效率的提升，才能与常规电源的峰值成本接轨，而要真正达到取代常规电源的成本，预计在 2050 年左右才有可能。

尽管与前几年相比，我国新能源成本已经大幅下降，然而在不考虑常规能源外部环境成本的情况下，除太阳能热水器外，绝大多数新能源电力成本仍然大大高于常规电力，缺乏市场竞争优势，如果国家不出台强有力的支持政策，新能源市场很难迅速扩大。

(2) 技术

我国新能源和可再生能源技术的总体水平不高，除了水电、太阳能热利用、沼气外，大多处于初级阶段，设备制造能力弱，缺乏自主技术研发创新，关键技术和设备生产主要依赖于进口。

技术领先，会导致控制高端市场。以风力发电机组为例，欧盟国家是全球大型风电机组的主要供货方，世界 10 家最大的风力发电机制造商中，欧盟国家占据 4 家，出口产品主要是大型风电机组。此外，国内液压系统、电气控制系统等都需要依赖国外的供应商和国外技术的授权，在这种情况下，风力发电机的成本很难降低。

比如，我国光伏中低端产能过剩，而高端产能不足。光伏企业生产的晶硅电池转化效率普遍在 17%~19% 之间，效率在 20% 以上的高端产品严重不足，如 2013 年第二季度，我国光伏企业在鏖战 0.55 欧元/瓦的普通组件市场时，日本三洋和美国 Sunpower 则独享 1 欧元/瓦的高效组件细分市场。

应加大资金、人员方面的投入，加强产学研结合，支持关键共性技术研发，全面提升本土化新能源设备技术水平，以科技攻关或其他方式使有关企业在技术、设备、工艺等方面巩固或达到领先地位，提升新能源发电系统的整体实力，通过技术进步不断提高效率、降低成本，把成本下降到可以商业化发电，平价上网，走到老百姓家中。

(3) 政策

近年来，随着我国经济的快速发展，能源消费也快速增长，总量不断扩大。目前我国能源消费总量已占全球的 18%。在"金砖五国"中，中国的能源消费和碳排放均高居榜首，其中能源消费量是排名第二的印度的 3 倍多，二氧化碳排放则是印度的 4 倍多。

大规模开发利用新能源，提升新能源比重，可有效弥补传统能源消费模式的缺陷，促进能源结构转型，实现经济的低碳和可持续发展。为此，我国提出了提高非化石能源比重和碳减排"两个目标"，并且加大对可再生能源的政策支持。

1.3.2 国外新能源政策及措施

通过对美国、德国、日本、英国等发达国家新能源财税政策的分析，其成功经验共同体现为以下两点。

① 各国发展新能源时都制定了明确的发展目标，如日本提出到 2030 年将太阳能和风能发电等新能源技术扶植成商业产值达 3 万亿日元的支柱产业之一；英国要求到 2020 年可再

生能源占能源产出的比重达到 20%。这些国家相应实施的财税政策都以这些目标为依据而制定。

② 各国都制定了明确的财税支持政策，包括直接补贴、税收优惠、低息贷款等。以税收优惠政策为例，以美国为代表的西方发达国家通过法律手段将新能源税收政策予以规范化、制度化，在法律条文中对相关税收优惠政策做出详细的规定，从而使新能源税收激励措施具有明确性和可行性。这些国家的税收政策贯穿新能源发展需要经历的"前生产—生产—市场化—消费"四大阶段，形成了覆盖新能源发展全阶段的税收政策体系。

然而，清洁能源的巨额财政补贴不仅催生了行业发展过热、产能过剩等负面效应，而且对欧洲各国财政造成了巨大压力，欧债危机爆发更使财政雪上加霜。与此同时，新能源发电成本不断下降，客观上也为削减财政补贴创造了条件。为此，从 2011 年开始，欧洲多个国家对新能源补贴机制做了调整，陆续推出一系列削减或停止新能源上网电价补贴的政策。

财税政策机制调整对产业影响立竿见影，市场迅速由热转冷，行业明显降温，从过去的高速增长期进入了平稳发展期。

1.3.3　我国新能源发展政策与措施

(1) 国内新能源发展措施

为了推动新能源发展，我国各级政府都积极利用财税手段鼓励新能源消费来带动新能源发展，总体来说，主要运用财政政策与税收政策对新能源的生产与消费各环节进行补贴，具体措施见表 1-3。

表 1-3　国内新能源措施

	财政政策	税收政策
生产环节	设立新型产业投资基金；重点示范工程补贴；风电上网及定价政策等	新能源增值税优惠政策；企业所得税减免政策等
消费环节	节能产品补贴政策；新能源汽车补贴政策等	新能源汽车免征购置税；光伏产品补贴政策等

但也存在一些问题。

① 财政补贴　首先财政补贴主要针对企业技术研发以及投入生产等上游环节，而对新能源下游企业或下游产品消费的财政补贴较少，不利于上下游企业及消费之间的相互衔接。其次财政补贴政策还没有形成适当的退出机制。随着新能源市场接受程度的不断提高，财政补贴激励机制要顺应新能源生产与消费发展进程适时退出。

② 税收手段　当前税收手段的运用过于简单化，对促进新能源发展的调控功能较弱。这主要体现在两方面：一是优惠政策集中于生产环节，而相对忽略了对消费环节的激励；二是政策侧重鼓励新能源发展，而对抑制传统能源消费的调控力度欠缺。

经验和启示在于以下三点。

① 清洁能源的扶持政策必须要有，但是要动态调整　如德国在 2004 年、2008 年曾两次修订《可再生能源法》，明确提出要在考虑规模效应、技术进步等因素的影响后，逐年减少对可再生能源新建项目的上网电价补贴，促进可再生能源市场竞争能力的提高。

② 产业不能依赖国外市场　如德国光伏政策调整后，2011 年 1~5 月份的装机量约为 1.08GW，比上年同期下滑 37.4%，需求降温马上波及到我国相关产业。2012 年，我国光

伏产品对欧盟市场出口下跌幅度超过全部市场下跌幅度约 12%。我国新能源产业过高的外向度，不利于保障产业安全，国际市场稍有风吹草动，将产生较大冲击。

③ 补贴重点应向技术研发环节倾斜　我国财政补贴鼓励的通常不是技术研发，而是传统的制造业。在这种情况下，补贴越多反而越容易加剧产能过剩。工业社会以来，任何一项新技术的兴起和推广，都绝非财政补贴的结果。

(2) 可再生能源法及配套措施

2005 年 2 月 28 日，我国通过了《中华人民共和国可再生能源法》，立足改善能源结构，促进风能、太阳能、水能、生物质能、地热能、海洋能等非化石能源的利用。

研究推出可再生能源配额制。"十二五"期间，国家建立和实施可再生能源配额制，即按各地电力消费总量来规定可再生能源比例。

完善新能源价格补贴机制。《可再生能源发展"十二五"规划》提出，通过市场竞争的机制，完善可再生能源产品的政策补贴机制，鼓励可再生能源发电企业与用电户的直接交易，全面落实完善可再生能源发电补贴政策及可再生能源集中供热、供气和液体燃料的价格及服务收费标准。

2014 年 11 月，国务院办公厅发布了《能源发展战略行动计划（2014—2020 年）》，从能源安全、能源清洁利用、能源体制改革等多方面提出未来相当长一段时间能源发展的路径，并提出一系列约束性指标。其中在可再生能源方面，提出大量发展风电，到 2020 年，风电装机达到 2 亿千瓦，风电与煤电上网电价相当。加快发展太阳能发电，到 2020 年，光伏装机达到 1 亿千瓦左右，光伏发电与电网销售电价相当。积极发展地热能、生物质能和海洋能，到 2020 年，地热能利用规模达到 5000 万吨标准煤。

【可练习项目】

(1) 调查分析目前国际上主要国家新能源发展的政策支持如何？

(2) 中国在新能源发展中采取了哪些措施？

(3) 你所处的地区新能源发展是否采取了一些措施？请举例分析。

参考文献

[1]　王革华. 新能源概论. 北京：化学工业出版社，2013.

[2]　车孝轩. 太阳能光伏系统概论. 武汉：武汉大学出版社，2012.

第 **2** 章

太阳能开发与利用技术

2.1 太阳能资源与太阳辐射

知识目标

① 了解太阳能资源。
② 了解描述太阳辐射的主要参数。
③ 了解太阳光谱。
④ 了解世界及中国太阳能资源的分布情况。

【**知识描述**】

2.1.1 太阳能资源

(1) 太阳能量

太阳是一个主要由氢和氦组成的炽热的火球，半径为 6.96×10^5 km（是地球半径的 109 倍），质量约为 1.99×10^{27} t（是地球质量的 33 万倍），平均密度约为地球的 1/4。太阳表面的有效温度为 5762K，内部中心区域的温度高达 1400 万开尔文。太阳的能量主要来源于氢聚变成氦的聚变反应，每秒有 6.57×10^{11} kg 的氢聚合生成 6.53×10^{11} kg 的氦，连续产生 3.90×10^{23} kW 能量。这些能量以电磁波的形式，以 3×10^5 km/s 的速度穿越太空射向四面八方。

太阳的结构和能量传递方式如图 2-1 和图 2-2 所示。根据各种间接和直接的资料，认为太阳从中心到边缘可分为核反应区、辐射区、对流区和太阳大气。太阳大气大致可以分为光球、色球、日冕等层次，各层次的物理性质有明显差别。太阳大气的最底层称为光球，太阳的全部光能几乎从这个层次发出。太阳的连续光谱基本就是光球的光谱，太阳光谱内的吸收线基本上也是在这一层内形成的。

太阳向宇宙以电磁波的形式辐射能量，但太阳并不是一个一定温度的黑体，而是许多层不同波长放射、吸收的辐射体。不过，在描述太阳时，通常将太阳看作是温度为 6000 K、波长为 $0.3 \sim 3.0~\mu m$ 的黑色辐射体。

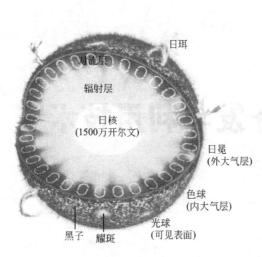

图 2-1　太阳的结构

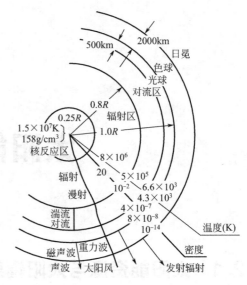

图 2-2　太阳的能量和传递方式

（2）地球可利用的太阳能量

地球只接受到太阳总辐射的二十二亿分之一，即有 1.77×10^{14} kW 到达地球大气层上边缘（"上界"）。由于穿越大气层时的衰减，最后约有 8.5×10^{13} kW 到达地球表面，折合标准煤 600 万吨/秒，相当于人类一年消耗的全部商品能量的 2.8 万倍。

假如把地球表面 0.1% 的太阳能转换为电能，转换率 5%，每年发电量可达 5.6×10^{12} kW·h，相当于目前世界上能耗的 40 倍。如果把落到地球上的太阳能全部收集起来，只要收集 50min 左右就够全世界人一年的能量消耗。

根据目前太阳产生的核能速率估算，氢的储量足够维持 600 亿年，而地球内部组织因热核反应聚合成氢，它的寿命约为 50 亿年。因此，从这个意义上讲，可以说太阳的能量是取之不尽、用之不竭的。

2.1.2　太阳辐射

太阳辐射穿越太阳和地球之间的空间，到达地球大气层，经大气衰减后照射到地球表面。这个过程有两个阶段的衰减。首先，在传播经过大约 1.5 亿千米的路程中，按照距离的平方的倒数关系衰减；其次，经过大气层的衰减。

（1）太阳常数

经过第一个阶段的衰减到达地球大气层顶部时的能量基本上是一个常数，即太阳常数。太阳常数是指当地球与太阳处于年平均距离的位置，即 1.495×10^8 km 时，地球大气层上边界处，垂直于太阳光线的表面，单位面积、单位时间所接受的太阳辐射能。一年中由于日地距离的变化所引起太阳辐射强度的变化不超过 3.4%。参阅图 2-3。

1902～1957 年，斯密森研究所的科学家 C. G. Abbot（Charles Greeley Abbot）等根据多年高海拔地区观测结果，基于地基法确定的太阳常数的数值为 1322～1465W/m²。近年来通过各种先进手段，基于地基法测得的太阳常数的标准值为 1353W/m²。

1976 年，美国宇航局根据高空平台的观测结果，发布的太阳常数值为 1353（±21）W/m²（TheKaekara，1976）。

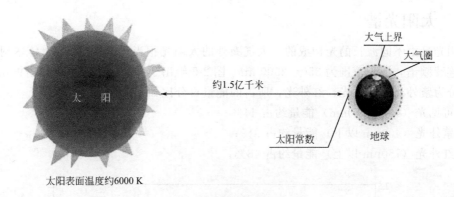

图 2-3 太阳常数示意图

据 1978～1998 年 6 颗卫星上的观测平台近 20 年连续不断的观测结果，得出的太阳常数值为 $1366.1W/m^2$，标准差为 425×10^{-6}，0.37% 的波动范围（$1363 \sim 1368W/m^2$）（Lean and Rind，1998）。20 年的观测表明太阳常数也存在不同时间尺度的波动。

1981 年，世界气象组织（WMO）公布的太阳常数值是 $(1367 \pm 7)W/m^2$。

（2）通过空气量

地球上不同地点的太阳光的强度是不同的，与所在地的纬度、时间、气象条件等有关。即使是同一地点，正南时的直射日光也随四季的变化而不同。也就是说由于大气导致太阳光减少的比例与大气的厚度有关，定量地表示大气厚度的单位称为大气圈通过空气量（又称大气质量），即用通过空气量（Air Mass，AM）来表示。

如图 2-4 所示，用由天顶垂直入射的通过空气量作为标准，即太阳高度正当头（90°）时为 l（太阳到地面的垂直距离的相对值），假定太阳高度角为 h，通过空气量 AM 由下面公式计算：

$$AM = l/\sin h$$

AM 用来表示进入大气的直达光所通过的路程，大气圈外用 AM0 表示，垂直的地表面用 AM1 表示。太阳高度角为 41.8°时，AM 为 1.5。对太阳电池等的特性评价时，使用的标准大气条件一般为 AM1.5。

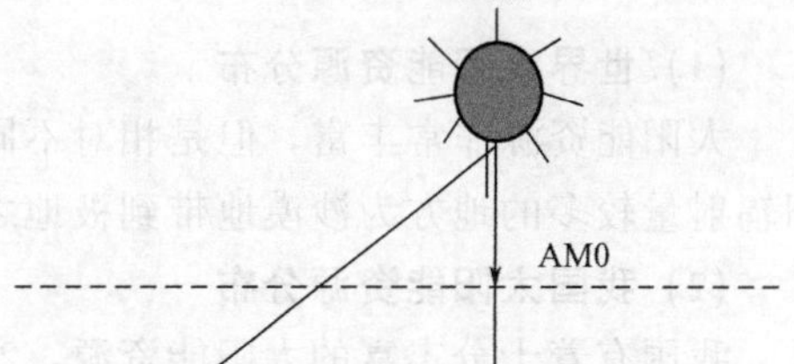

图 2-4 通过空气量

（3）直射辐射、散射辐射与总太阳辐射

散射辐射（scattered light）：经过大气和云层的反射、折射、散射作用改变了原来的传播方向到达地球表面的、并无特定方向的这部分太阳辐射。

直射辐射（direct light）：未被地球大气层吸收、反射及折射仍保持原来的方向直达地球表面的这部分太阳辐射。

总太阳辐射：散射辐射与直射辐射的总和。

（4）日照时间

按照世界气象组织（MWO）1981 年的定义，直射辐射值 0.12 kW/m^2 称为日照界限值，相当于晴天时日出 10min 后，阴天时物影较淡的程度。这样的日射照射时的累计时间数称为日照时间。

2.1.3　太阳光谱

太阳光是由不同波长的光构成的。大气圈外的太阳光相当于 5700 K 的黑体辐射，具有较宽的连续频谱，波长范围为 350～2500 nm。图 2-5 给出了太阳光谱。太阳光谱根据波长范围可以分为紫外光、可见光、红外光，所占的能量百分比如下：

- 可见光（400～750nm）能量约占 44%；
- 紫外光（400nm 以下）能量约占 8%；
- 红外光（750nm 以上）能量约占 48%。

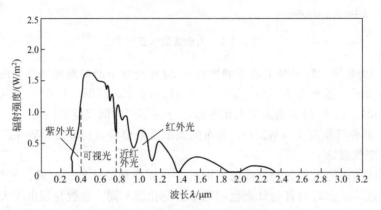

图 2-5　太阳光的波长分布与辐射强度

2.1.4　太阳资源的分布

(1) 世界太阳能资源分布

太阳能资源非常丰富，但是相对不同的地区，太阳资源的年辐射量有比较大的差别。太阳辐射量较多的地方为沙漠地带到极地之间，年累计总辐射量在 3000～8000MJ/m² 以上。

(2) 我国太阳能资源分布

我国有着十分丰富的太阳能资源，2/3 以上地区的年日照大于 2000h，与同纬度的其他国家相比，与美国相近，比欧洲、日本优越得多，太阳能资源的理论储量达每年 17000 亿吨标准煤，折算成的电能约为几万个三峡电厂的发电量。

我国接收太阳辐射资源地区目前按照四类分法（表 2-1）分为四个等级，分别是：Ⅰ，非常丰富地区，辐射量＞6700MJ/m²；Ⅱ，丰富地区，辐射量为 5400～6700MJ/m²；Ⅲ，较丰富地区，辐射量 4200～5400MJ/m²；Ⅳ，较差地区，辐射量＜4200MJ/m²。

表 2-1　中国太阳能资源分布（四类分法）

等级	资源丰富程度	辐射量	地区
Ⅰ	非常丰富	＞6700MJ/m²	青藏高原，甘肃北部，宁夏北部，新疆南部
Ⅱ	丰富	5400～6700 MJ/m²	河北西北，山西北部，内蒙古南部，宁夏南部，甘肃中部，青海东部，西藏东南部，新疆南部
Ⅲ	较丰富	4200～5400 MJ/m²	山东，河南，河北东南部，山西南部，新疆北部，吉林，辽宁，云南，陕西北部，甘肃东南部，广东和 福建南部，江苏和安徽北部
Ⅳ	较差	＜4200 MJ/m²	四川，贵州，重庆

2.1.5　太阳能的利用

太阳能的利用分为多种形式，如热利用、发电、光照明利用以及光化学转化利用等。

(1) 热利用

太阳能热利用包括太阳能热能的直接利用与太阳能热发电两种形式。太阳能热利用典型的产品有太阳能热水器、太阳能采暖系统、太阳能灶（图 2-6）等。

图 2-6　伞式太阳灶

太阳能热发电是太阳能热利用的重要方向，其原理是通过反射镜将太阳光会聚到太阳能收集装置，利用太阳能加热收集装置内的传热介质（液体或气体），再加热水形成蒸汽带动或者直接带动发电机发电。

(2) 太阳能光伏发电

太阳能光伏发电是太阳能利用的重要组成部分，核心是采用光伏发电效应制造的各种太阳电池，利用太阳电池和各种部件组成光伏发电系统，将发出的电用于独立电子产品或输送至大电网，解决能源问题。

(3) 光纤照明

光纤照明是近年兴起的高科技照明技术，通过光纤导体的传输，可以将光源传导到任意区域里。光纤传导太阳光照明系统主要由集光器、传导装置和放射装置三部分构成。如图 2-7 所示。在阳光充足的地方，室外的自然光通过集光器收集，导入到照明系统中进行重新分配，利用光纤对光的柔性传输等独特的物理特性，经过传导装置（光纤）传输和强化后，由系统底部的放射装置（室内末端投射装置）把自然光均匀高效地照射到室内，带来自然光照明的特殊效果。光纤传导太阳光照明系统在国内外已有相关产品销售，如日本莱福瑞工程股份有限公司制造的"向日葵"系统、南京杰特光纤式阳光导入系统、南京帅瑞光导纤维式阳光导入器等。

集光器　　　　传导装置　　　　放射装置

图 2-7　光纤照明系统结构示意图

（4）光化学转换利用

将太阳能转换成化学能的方式，如利用热化学反应、光化学反应等方法可以制造氢气、甲醇等燃料，为燃料电池发电、燃料电池汽车等提供电源。另外，使用聚光太阳光可以分解有害物质，进行材料表面加工、处理等。

【可练习项目】

（1）能够描述太阳资源的相关参数有哪些？
（2）查阅资料，说明太阳能利用的形式有哪些？目前的技术现状如何？

2.2　太阳能热利用

知识目标

① 了解太阳能热利用的基本原理。
② 了解太阳能热利用的主要形式。
③ 了解太阳能热利用技术。

【知识描述】

2.2.1　太阳能热利用基本原理

太阳能热利用就是利用太阳能集热器将太阳光辐射转化成流体中的热能，并将加热流体输送出去利用。

（1）太阳能集热器的定义

太阳能集热器是吸收太阳辐射并将产生的热能传递到传热介质的装置。太阳能集热器是组成各种太阳能热利用系统的关键部件。无论是太阳能热水器、太阳灶、主动式太阳房、太阳能温室，还是太阳能干燥、太阳能工业加热、太阳能热发电等，都离不开太阳能集热器，都是以太阳能集热器作为系统的动力或者核心部件的。

（2）太阳能集热器的分类

① 按集热器的传热工质类型，分为液体集热器和空气集热器。
② 按进入采光口的太阳辐射是否改变方向，分为聚光型集热器和非聚光型集热器。
③ 按集热器是否跟踪太阳，分为跟踪集热器和非跟踪集热器。
④ 按集热器内是否有真空空间，分为平板型集热器和真空管型集热器。
⑤ 按集热器的工作温度范围，分为低温集热器、中温集热器和高温集热器。
⑥ 按集热板使用材料，分为纯铜集热板、铜铝复合集热板和纯铝集热板。

（3）热利用基本原理

辐射的透过、吸收和反射是热利用的基本原理。当太阳辐射投射到物体表面时，其中一部分 Q_α 进入表面被材料吸收，一部分 Q_ρ 被表面反射，其余部分 Q_τ 则透过材料：

$$Q = Q_\alpha + Q_\rho + Q_\tau$$

上述三项分别对应材料对辐射能的吸收率 α、反射率 ρ 和透过率 τ。对于黑体，辐射

被完全吸收 $\alpha=1$，白体则完全反射 $\rho=1$，全透明体 $\tau=1$。实际常用的工程材料大部分介于半透明和不透明之间，不透明体如金属材料透过率为 0。这些参数和太阳光的入射波长相关。

太阳能热利用的材料，根据用途的不同，要求对太阳辐射的吸收、反射和透过性能也不同，以达到系统的最佳利用性能。对于热吸收材料，要求吸收尽可能多的太阳辐射；对于覆盖材料，要求尽量对可见光透明，对红外反射率高。

（4）平板涂层

为了提高太阳集热器的效率，唯一有效的办法是在保持最大限度地采集太阳能的同时，尽可能减小其对流和辐射热损。采用优质选择性吸收涂层材料和高透过率盖板材料，是满足上述要求的重要途径。

太阳集热器的发展过程也是涂层技术的发展过程，期间经历了从非选择性的普通黑漆到选择性的硫化铅、金属氧化物涂料，从黑镍、黑铬到铝阳极化涂层等一代接一代的更新换代过程。随着涂层技术的不断进步，涂层性能得到了很大的提高。目前我国平板集热器吸收表面主要采用铝条带上阳极化着色和铜条带上黑铬选择性涂层。

间歇式磁控溅射铝-氮-铝材料选择性吸收涂层的镀膜生产技术，是随着真空管集热器的产生而发展起来的。由于该涂层耐候性能较差，不适于平板集热器的使用。

真空镀膜技术生产工艺不存在污染问题，涂层光学性能优良，但连续化生产线投资较大，涂层生产成本较高，有些真空镀膜涂层耐候性能不理想。湿法镀膜技术采用电化学方法生产，工艺设计或生产控制不当，容易造成一定程度的污染，但涂层（如黑铬涂层）连续化生产线投资较小，具有优良的光学性能、优异的耐热耐湿耐候性能。

2.2.2　平板型太阳能集热器

概括来说，平板太阳能集热器的基本工作原理为，阳光透过透明盖板照射到表面涂有吸收层的吸热体上，其中大部分太阳辐射能为吸收体所吸收，转变为热能，并传向流体通道中的工质。这样，从集热器底部入口的冷工质，在流体通道中被太阳能所加热，温度逐渐升高，加热后的热工质，带着有用的热能从集热器的上端出口，蓄入储水箱中待用，即为有用能量收益。与此同时，由于吸热体温度升高，通过透明盖板和外壳向环境散失热量，构成平板太阳集热器的各种热损失。如图 2-8 所示。

平板型太阳能集热器主要由吸热板（吸收体）、透明盖板、隔热层和外壳等几部分组成。图 2-9 给出了典型的平板型集热器结构示意图。用平板型太阳能集热器组成的热水器即平板太阳能热水器。

（1）平板型集热器的能量平衡方程

投射到平板集热器上的入射太阳辐射总能量为 Q_A，其中大部分被集热工质所吸收，构成集热器的有用能量收益 Q_U，其余为集热器向环境的散热损失 Q_L 和集热器本身的储能 Q_S。由此，集热器的能量平衡方程为：

$$Q_A = Q_U + Q_L + Q_S$$

（2）平板型集热器各结构部分的作用

① 隔热层的作用是降低热损失，提高集热效率。要求材料具有较好的绝热性能和较低的热导率。由于集热器接收太阳照射闷晒时集热板温度可达 200℃，要求隔热层材料所承受的温度也必须高于 200℃。用作隔热层的材料有玻璃纤维、石棉、硬质泡沫塑料等。

② 吸热体是吸收太阳辐射能量并向水传递热量的关键部件，结构为集热板和集热工质

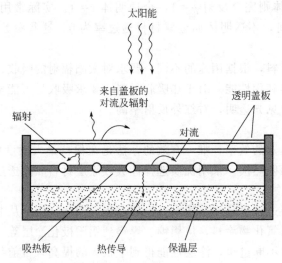

图 2-8　平板型集热器对太阳能的热利用方式

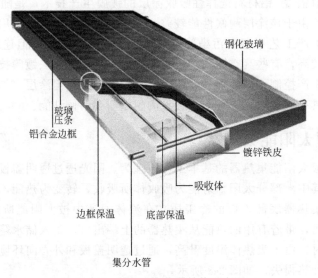

图 2-9　平板型集热器结构示意图

流通管道的结合体。一般集热体多采用金属制作，如铜、铝、不锈钢等，或钢铝复合结构，个别也用特种塑料制作。集热体表面喷涂黑色涂料或制作光谱选择性涂层。

③ 在集热器的上方，覆盖一层或多层透明盖板，一方面降低集热体对环境的散热损失，起到隔热保温作用；另一方面保护集热板面免受风霜雨雪和尘埃等的直接侵袭。透明盖板应该光学性能好，阳光透过率高，而吸收率和反射率低，隔热效果好。

当前使用的盖板材料，包括玻璃、抗老化透明玻璃钢、抗老化透明塑料板等。常用的盖板以普通玻璃为多，出口或高档产品都使用钢化玻璃盖板。在北方使用的集热器采用双层盖板时，一般采用玻璃加聚碳酸酯薄膜。盖板的层数由使用地区气候条件和工作温度而定，一般为单层，只有在气温较低或工作温度较高的工况才采用双层盖板。盖板与吸热板的距离应考虑大于 25mm，距离太小会降低集热效率。

④ 保温层是吸热体底部和四侧填充一定厚度的绝热材料，以降低吸热体的热损失。保温层的技术要求为：保温性好，即材料热导率小，一般要求 $0.55W/m^2 \cdot ℃$；不易变形或挥

发，不产生有毒气体，不吸水。保温层的材料有岩棉、矿棉、聚苯乙烯、硅酸铝纤维、聚氨酯发泡塑料等。保温层的厚度一般控制在 15～30mm。

⑤ 外壳的作用是将吸热板、盖板、保温层的材料组成一个整体，便于安装。外壳的技术要求：有一定的强度和刚度，耐候性好，易加工，外表美观。外壳的材料有钢板、彩钢板、铝型材、不锈钢板、塑料和玻璃钢等。

2.2.3　真空管式太阳能集热器

真空管集热器是在平板型集热器基础上发展起来的新型集热装置。就是将吸热体与透明盖层之间的空间抽成真空的太阳能集热器。用真空管集热器部件组成的热水器即为真空管热水器。

真空管按吸热体材料种类，可分为两类（图 2-10）：一类是玻璃吸热体真空管（或称为全玻璃真空管），一类是金属吸热体真空管（或称为玻璃-金属真空管）。热管式真空管是金属吸热体真空管的一种，由热管、吸热体、玻璃管和金属端盖等主要部件组成。

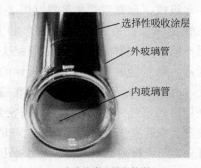

(a) 全玻璃真空管集热器

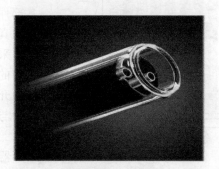

(b) 金属-玻璃真空管集热器

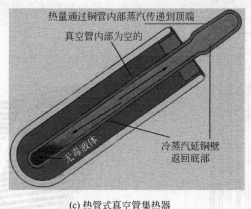

(c) 热管式真空管集热器

图 2-10　真空管集热器

（1）全玻璃真空管

全玻璃真空管的结构（图 2-11）：由外玻璃管、内玻璃管、选择性吸收涂层、弹簧支架、消气剂等部件组成，其形状如一只细长的暖水瓶胆。

全玻璃真空管的一端开口，将内玻璃管和外玻璃管的管口进行环状熔封；另一端分别封闭成半球形圆头。内玻璃管用弹簧支架支撑于外玻璃管上，以缓冲热胀冷缩引起的应力。在内玻璃管和外玻璃管之间的夹层抽成高真空。在外玻璃管尾端一般粘接一只金属保护帽，以

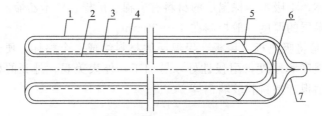

图 2-11　全玻璃真空管的结构

1—外玻璃管；2—内玻璃管；3—选择性吸收涂层；
4—真空；5—弹簧支架；6—消气剂；7—保护帽

保护抽真空后封闭的排气嘴。内玻璃管的外表面涂有选择性吸收涂层。弹簧支架上装有消气剂，它在蒸散以后用于吸收真空集热管运行时产生的气体，起保持管内真空度的作用。

若干支真空管按照一定规则排列成的真空管阵列与联集管（或称为联箱）、尾托架和反射器等部件一起组成一台真空管集热器（图 2-12）。全玻璃真空管集热器的联箱一般有圆形和方形两种，多采用不锈钢板制作，集热器配管接头焊接在联箱的两端。联箱的一面或两面按设计的真空管间距开孔，真空管的开口端直接插入联箱内，真空管与联箱之间通过硅橡胶密封圈进行密封。

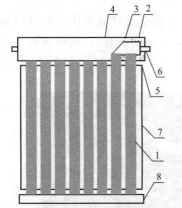

图 2-12　全玻璃真空管集热器结构示意图

1—全玻璃真空管；2—联集管；
3—保温层；4—保温盒外壳；5—密封圈；
6—配管接口；7—反光板；8—尾托架

按照真空管安装走向的不同，全玻璃真空管集热器可分为竖直排列（南北向）和水平排列（东西向）两种排列形式，其中水平排列又有水平单排和水平双排两种形式。如图 2-13 和图 2-14 所示。

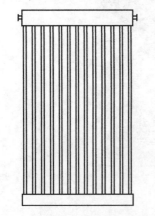

图 2-13　南北向放置的真空管集热器

图 2-14　东西向放置的真空管集热器

（2）金属-玻璃真空管集热器

金属-玻璃真空管集热器属于中高温集热管范畴，是利用玻璃-金属封接在真空状态下的热管，并通过热管传递热量的管状太阳能集热器件。它是一根表面带有选择性吸收涂层的金属管，外套一根同心玻璃管。金属一般采用不锈钢材料，并要求金属管表面具有一定的光洁度。在金属管和玻璃套管之间两端采用波纹管进行膨胀补偿。真空集热管内保持真空是关键，一般采用无缝不锈钢管制作。

热管式真空管集热器是金属-玻璃真空集热器的一种主要形式，主要由热管式真空管与联集管、保温盒、支架等部分一起组成。热管式真空管由热管、金属吸热板、玻璃管、金属封盖、弹簧支架、消气剂等组成，如图 2-15。

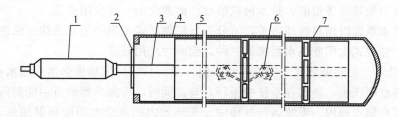

图 2-15 热管式真空管结构示意图

1—热管冷凝段；2—金属封盖；3—热管蒸发段；4—玻璃管；

5—金属吸热板；6—消气剂；7—弹簧支架

在热管式真空管工作时，表面镀有选择性吸收涂层的金属吸热板，吸收太阳辐射能并将其转化为热能，传导给与吸热板焊接在一起的热管，使热管蒸发段内的少量工质迅速汽化。被汽化的工质上升到热管冷凝段，释放出蒸发潜热使冷凝段快速升温，从而将热量传递给集热系统工质。热管工质放出汽化潜热后，迅速冷凝成液体，在重力作用下流回热管蒸发段。通过热管内不断重复的汽-液相变循环过程，快速高效地将太阳热能源源不断地输出。

热管是利用汽化潜热高效传递热能的传热元件，传热速度可达到 $80 \sim 100 \mathrm{cm/s}$。在热管式真空管中使用的热管一般都是重力热管。目前热管一般为铜-水热管，即以铜为基材，热管工质为水。金属吸热板是热管式真空管的核心部件。目前市场上的热管式真空管所采用的集热板一般为无氧铜吸热板或铜-铝复合吸热板，吸热板表面采用磁控溅射工艺形成高吸收率、低发射率的选择性吸收涂层。吸热板与热管通过超声焊接或激光焊接结合在一起或嵌套在一起，确保热量快速传导。

为了使真空集热管长期保持良好的真空性能，热管式真空集热管内一般同时放置蒸散型消气剂和非蒸散型消气剂。蒸散型消气剂在高频激活后被蒸散在玻璃管的内表面，像镜面一样，主要作用是提高真空集热管的初始真空度。非蒸散型消气剂是一种常温激活的长效消气剂，主要作用是吸收管内各部件工作时释放的残余气体，保持真空集热管的长期真空度。

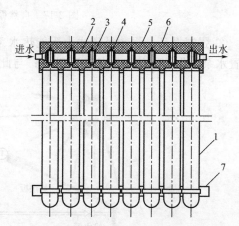

图 2-16 热管式真空管集热器结构示意图

1—热管式真空管；2—联集管；3—导热块（导热套管）；

4—热管冷凝段；5—保温材料；6—保温盒；7—尾托架

热管式真空管集热器（图 2-16）工作时，每只热管式真空管都将太阳辐射转换为热能，通过热管反复的汽-液相变循环过程，将热量通过热管冷凝段传递给导热块（或导热套管），从而加热联集管内的系统循环工质，使集热系统工质的温度逐步上升，直至达到使用要求。与此同时，真空集热管及保温盒也不可避免地通过辐射或传导的形式损失一部分热量。

2.2.4　太阳能热利用系统

(1) 太阳能热水系统

太阳能热水系统是利用太阳能集热器收集太阳辐射能把水加热的一种装置，是目前太阳热能应用发展中最具经济价值、技术最成熟且已商业化的一项应用产品。

太阳能热水系统以加热循环方式，可分为自然循环式太阳能热水系统、强制循环式太阳能热水系统、储置式太阳能热水系统等三种，前两种应用较多。

① 自然循环　自然循环式太阳能热水系统（图 2-17）是依靠集热器和储水箱中的温差，形成系统的热虹吸压头，使水在系统中循环；与此同时，将集热器的有用能量收益通过加热水，不断储存在储水箱内。系统运行过程中，集热器内的水受太阳能辐射加热，温度升高，密度降低，加热后的水在集热器内逐步上升，从集热器的上循环管进入储水箱的上部；与此同时，储水箱底部的冷水由下循环管流入集热器的底部。这样经过一段时间后，储水箱中的水形成明显的温度分层，上层水首先达到可使用的温度，直至整个储水箱的水都可以使用。

用热水时，有两种取热水的方法。一种是有补水箱，由补水箱向储水箱底部补充冷水，将储水箱上层热水顶出使用，其水位由补水箱内的浮球阀控制，有时称这种方法为顶水法。另一种是无补水箱，热水依靠本身重力从储水箱底部落下使用，有时称这种方法为落水法。

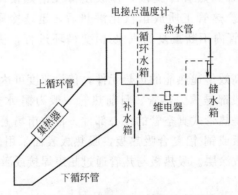

图 2-17　自然循环式太阳能热水系统

② 强制循环　强制循环式太阳能热水系统（图 2-18）是在集热器和储水箱之间管路上设置水泵，作为系统中水的循环动力；与此同时，集热器的有用能量收益通过加热水，不断

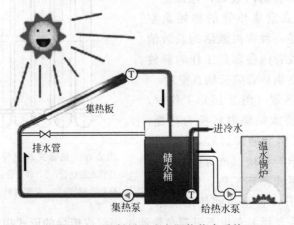

图 2-18　强制循环式太阳能热水系统

储存在储水箱内。系统运行过程中，循环泵的启动和关闭必须要有控制，否则既浪费电能又损失热能。通常温差控制较为普及，有时同时应用温差控制和光电控制两种。

温差控制是利用集热器出口处水温和储水箱底部水温之间的温差来控制循环泵的运行。早晨日出后，集热器内的水受太阳辐射能加热，温度逐步升高，一旦集热器出口处水温和储水箱底部水温之间的温差达到设定值（一般 8～10℃），温差控制器给出信号，启动循环泵，系统开始运行。遇到云遮日或下午日落前，太阳辐照度降低，集热器温度逐步下降，一旦集热器出口处水温和储水箱底部水温之间的温差达到另一设定值（一般 3～4℃），温差控制器给出信号，关闭循环泵，系统停止运行。

用热水时，同样有两种取热水的方法：顶水法和落水法。

（2）太阳能采暖系统

太阳能采暖系统由太阳能集热器、水箱、连接管道、控制系统等辅材构成。它将分散的太阳能通过集热器，把太阳能转换成热水，将热水储存在水箱内，然后通过热水输送到发热末端，提供建筑供热的需求。图 2-19 为太阳能辅助采暖系统结构示意。

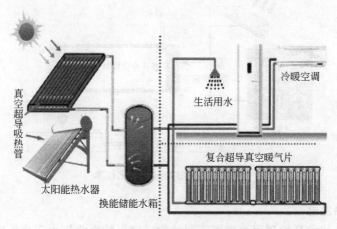

图 2-19　太阳能辅助采暖系统

① 辅助热源　太阳辐射受昼夜、季节、纬度和海拔高度等自然条件的限制和阴雨天气等随机因素的影响，存在较大的间歇性和不稳定性，因此在太阳能采暖系统中，必须设置辅助热源。辅助热源要根据当地的太阳能资源条件、常规能源的供应状况、建筑物热负荷和周围环境条件等因素，做综合经济性分析，以确定适宜的辅助热源及合理的太阳能供暖比例。

② 采暖末端　太阳能由于热密度较低，集热温度很难达到较高水平。普通散热器热媒温度要求较高（70℃以上），而太阳能采暖系统不易达到该出水温度要求。因此，在太阳能采暖系统中，通常采用地板辐射采暖的末端供热方式。地板采暖所需要的低温热水在 35～55℃，正好是太阳能集热器所能提供的温度。地板采暖系统以整个地面作为散热面，热量主要以辐射方式传播，与以对流散热为主的散热器系统相比，可以在比末端采用散热器的系统低 2～3℃的情况下获得同样的舒适感，节省供热能耗。夜间采暖负荷一般大于白天，但夜间却无太阳辐射，因此具有蓄热功能的地板采暖方式相对更合适。

③ 太阳能采暖的分类　太阳能采暖可分为主动式和被动式两种。

被动式太阳能采暖通过建筑的朝向和周围环境的合理布置，内部空间和外部形体的巧妙处理，以及建筑材料和结构的恰当选择，使建筑物在冬季能充分收集、存储和分配太阳辐射热。从太阳能热利用的角度，被动式太阳能采暖分为五种类型，分别为直接受益式、集热蓄热墙式、综合（阳光间）式、屋顶集热和储热式以及自然循环（热虹吸）式。

主动式太阳能采暖系统主要由太阳能集热系统、蓄热系统、末端供热采暖系统、自动控制系统和其他能源辅助加热、换热设备集合构成，相比于被动式太阳能采暖，其供热工况更加稳定，但投资费用也增大，系统更加复杂。

（3）太阳能海水淡化

太阳能海水淡化技术（图2-20），利用太阳能产生的热能，直接或间接驱动海水的相变过程，使海水蒸馏淡化，或是利用太阳能发电以驱动渗析过程。

太阳能海水淡化中以蒸馏法为主。有三种方式：①被动式太阳能蒸馏系统，如单级或多级倾斜盘式太阳能蒸馏器，回热式、球面聚光式太阳能蒸馏器等；②主动式太阳能蒸馏系统，有单级或多级附加集热器的盘式、自然或强迫循环式太阳能蒸馏器；③与常规海水淡化装置相结合的太阳能系统，如太阳能多级闪蒸、太阳能多级沸腾蒸馏等技术。

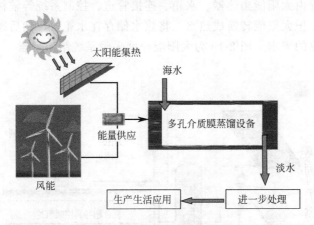

图2-20　太阳能海水淡化技术

（4）太阳能热发电

太阳能热发电技术是指利用大规模阵列抛物或碟形镜面收集太阳热能，通过换热装置提供蒸汽，驱使传统汽轮发电机发电。一般来说，太阳能热发电形式有槽式、塔式、碟式三种。

① 槽式太阳能热发电系统　全称为槽式抛物面反射镜太阳能热发电系统（图2-21），是将多个槽形抛物面聚光集热器经过串并联的排列，加热工质，产生高温蒸汽，驱动汽轮机发电机组发电。

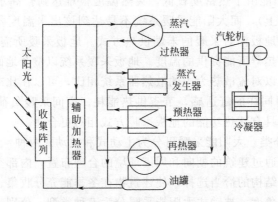

图2-21　槽式太阳能热发电示意图

发电储能部分与塔式基本相似，不同之处在于聚光集热和换热部分。聚光集热是整个槽式发电系统的核心，由聚光阵列、集热器和跟踪装置组成。在此部分，集热器大多采用串、并联排列的方式，可按南北、东西和极轴三个方向对太阳光进行一维跟踪。在换热部分，预热器、蒸汽发生器、过热器和再热器四个组件实现了工质加热、换热、产生蒸汽、进行发电的过程。由于槽式发电系统结构相对紧凑，其收集装置的占地面积比起塔式和碟式来说相对较小，因而为槽式太阳能发电向产业化发展奠定了基础。

自 20 世纪 80 年代起，美国 Luz 公司在加州莫哈维沙漠陆续建成了 9 座槽式聚光热发电站（SEGS I ～SEGS IX），总装机容量为 35.4 万千瓦，年发电总量 108 亿千瓦时，产生的电力可供 50 万人使用。随着技术不断发展，系统效率由起初的 11.5% 提高到 13.6%，每千瓦电能装机容量的投资已由 6000 美元降至 2000 多美元，电费也由每度 24 美分降至 7.5 美分。

我国已在太阳光方位传感器、自动跟踪系统、抛物面反射镜、接收器方面取得了突破性进展，并且拥有具有完全自主知识产权的 100kW 槽式太阳能热发电试验装置。

槽式太阳能热发电已具备了大规模投产的条件，然而其核心部件高温真空管仍存在技术缺陷，涂层技术还有待改进，因而加强核心部件的技术研发、工艺改进将是今后提高槽式太阳能热发电效率、降低成本的关键，也将成为推动槽式太阳能发展的重要动力。

② 塔式太阳能热发电系统　塔式太阳能热发电主要由大量的跟踪太阳的定向反射镜（定日镜）和装在中央塔上的热接收器两大部分组成，成千上万面定日镜将太阳光聚焦到中央接收器上，接收器将聚集的太阳辐射能转化为热能，然后再将热能传递给热力循环工具，驱动热机做功发电。随着镜场中定日镜数目的增加，塔式太阳能发电系统的聚光比也随之上升，最高可达 1500 倍，运行温度为 1000～1500℃。因其聚光倍数高、能量集中过程简便、热转化效率高等优点，很适合太阳能并网发电（图 2-22）。

图 2-22　塔式太阳能热发电站

塔式太阳能发电系统（图 2-23）包括跟踪太阳光的定日镜、接收器、工质加热器、储能系统以及汽轮机组等部分。收集装置由多面定日镜、跟踪装置、支持结构等构成。系统通过对收集装置的控制，实现对太阳的最佳跟踪，从而将太阳的反射光准确聚焦到中央接收器内的吸热器中，使传热介质受热升温，进入蒸汽发生器产生蒸汽，最终驱动汽轮机组进行发电。此外，为了保证持续供电，需要蓄热装置将高峰时段的热量进行存储，以备早晚和阴雨间隙使用。

③ 碟式太阳能热发电系统　碟式太阳能发电系统也称盘式系统（图 2-24），主要特征是采用盘状抛物面聚光集热器，其结构从外形上看类似于大型抛物面雷达天线。由于盘状抛物面镜是一种点聚焦集热器，其聚光比可以高达数百到数千倍，因而可产生非常高的温度。

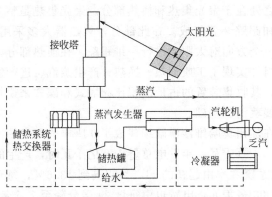

图 2-23　塔式太阳能热发电示意图

图 2-24　碟式太阳能热发电系统

碟式太阳能发电整合多个反射镜组成抛物面碟形聚光镜，通过对其的旋转，将太阳光聚集到接收器中，经接收器吸热后加热工质，进一步驱动发电机组发电。旋转抛物面碟形聚光镜的应用，使得碟式太阳能发电的聚光比达到 3000 以上，这一方面有效地提高了光热转换的效率，但是另一方面也由于其较高的接收温度，对接收器的材料和工艺提出了更高的要求。

碟式太阳能发电系统包括抛物面碟形聚光镜、高温接收器、跟踪传动装置、发电储能装置等。与塔式和槽式不同的是，碟式太阳能发电主要采用斯特林（Stirling）热力循环完成热能到机械能的转化。但由于斯特林热机的技术开发尚未成熟，因而碟式太阳能发电尚在试验示范阶段。

【可练习项目】

（1）调查说明真空管式集热器和平板式集热器的应用领域有哪些？
（2）查阅资料说明太阳能热发电的技术原理是什么？

2.3　太阳能光伏电池

知识目标

① 了解太阳能光伏发电的基本原理。
② 了解太阳电池的种类及典型制造工艺。
③ 了解化合物电池的基本结构。
④ 了解太阳电池的主要特性。

【知识描述】

2.3.1　太阳能光伏发电原理

（1）光传导现象
当光照射在半导体上时，不纯物中的电子被激励，由于带间激励，价电子带的电子被传导带激励而产生自由载流子，从而导致电气传导度增加的现象，称为光传导现象。

图 2-25 为用能带图表示的带间激励引起的光传导现象的示意图。光子能量 $h\omega$ 大于禁带宽度能量 ε_g 时，由于带间迁移作用，价电子带中的电子被激励，产生电子空穴对，使电气传导度增加。

（2）光电效应

当半导体内部电场 E 存在时，光照射时产生的电子空穴对向两侧运动，产生电荷载流子的分极作用，半导体两侧产生电位差，即为光电效应（Photo-Voltaic Effect）。

半导体内部静电场 E 存在的条件：形成 P 型半导体和 N 型半导体组成的半导体 PN 结。

（3）太阳电池的发电原理

太阳电池的结构多种多样，一般太阳电池的构造如图 2-26 所示。目前市场上的太阳电池多是由 P 型半导体和 N 型半导体组合而成的 PN 结型太阳电池，主要由 P 型半导体、N 型半导体、电极、减反射薄膜等构成。

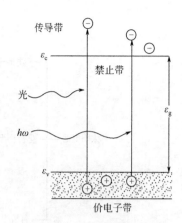

图 2-25 带间激励引起的光传导现象

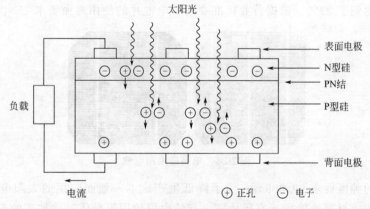

图 2-26 太阳电池的发电原理及构造

对于由两种硅半导体构成的硅太阳电池，当太阳光照射在半导体 PN 结上，形成新的空穴电子对，在 PN 结电场的作用下，空穴由 N 区流向 P 区，电子由 P 区流向 N 区，接通电路后就形成电流。

2.3.2 太阳电池的种类

太阳电池根据其使用的材料，可以分成硅系太阳电池、化合物系太阳电池、有机半导体系太阳电池以及量子点太阳电池等，如图 2-27 所示。

根据制造电池所使用的材料不同，可以分为体硅太阳电池和薄膜太阳电池。体硅太阳电池即为晶体硅太阳电池，如多晶硅太阳电池和单晶硅太阳电池。薄膜太阳电池则包括多晶硅薄膜太阳电池、非晶硅薄膜太阳电池、化合物薄膜太阳电池、有机薄膜太阳电池。量子点太阳电池主要取决于量子点应用于体硅太阳电池或者是薄膜太阳电池的类型。

（1）单晶硅太阳电池

单晶硅太阳电池，是以高纯的单晶硅棒为原料的太阳电池，是当前开发得最快的一种太阳电池（图 2-28），产品已广泛用于空间和地面。单晶硅太阳电池的硅原子排列非常规则，

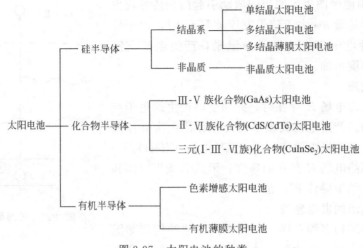

图 2-27　太阳电池的种类

在硅太阳电池中转换效率最高，Shockley-Queisser 预测的晶体硅电池的极限效率接近 30％，目前实验室最高效率为 25％，市场实际产品的转换效率为 18％～19％，高效单晶硅太阳电池的效率目前达到了 22％。根据行业标准要求，电池片的使用寿命要求 25 年以上。

图 2-28　单晶硅太阳电池

单晶硅棒的纯度要求 99.999％。为了降低生产成本，地面应用的太阳电池等采用太阳能级的单晶硅棒，材料性能指标有所放宽。有的也可使用半导体器件加工的头尾料和废次单晶硅材料，经过复拉制成太阳电池专用的单晶硅棒。将单晶硅棒切成片，一般片厚约 0.3mm。硅片经过成形、抛磨、清洗等工序，制成待加工的原料硅片。典型的单晶硅片制造工艺如图 2-29 所示。

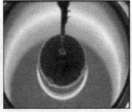

多晶硅熔融　　　　　　　长晶　　　　　　　单晶硅棒　　　　　　　切晶

图 2-29　单晶硅片制造典型工艺

单晶硅片经过硅片清洗、制绒、扩散、等离子刻蚀、去磷硅玻璃、PECVD 镀氮化硅膜、丝网印刷、烧结、测试、包装工序等系列太阳电池的制造工艺，制造成单晶硅太阳电池。

(2) 多晶硅太阳电池

多晶硅硅片由单晶硅颗粒聚集而成。与单晶硅片相比，少了拉晶工艺。多晶硅片成本较低，但与单晶硅在性能上的差异，导致多晶硅太阳电池的效率低于单晶硅太阳电池。图 2-30 为多晶硅太阳电池的外观。随着工艺的改进，多晶硅太阳电池的效率逐步提高，成本相对较低，因此应用较广。目前多晶硅太阳电池的转换效率达到 17%～18%，高效多晶硅太阳电池的效率达到 19%。

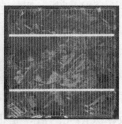

图 2-30　多晶硅太阳电池

多晶硅片的生产流程包括多晶原料清洗、检测→坩埚喷涂→多晶铸锭→硅锭剖方→硅块检验→去头尾→磨面、倒角→粘胶→切片→硅片脱胶→硅片清洗→硅片检验→硅片包装→硅片入库。典型的多晶硅片制造工艺如图 2-31 所示。

熔融　　　　　　　　　　烧结　　　　　　　　　　切割　　　　　　　　　　开方

图 2-31　多晶硅片制造典型工艺

多晶硅太阳电池的制造工艺与单晶硅太阳电池制造工艺的工序相似，只是在具体的工序上制造工艺参数或方法有些差异。

(3) 非晶硅太阳电池

非晶硅太阳电池是目前市场上比较成熟的一种薄膜太阳电池。1976 年美国 RCA 实验室的 D. E. Conlson 和 C. R. Wronski 在 Spear 形成和控制 PN 结工作的基础上制成了世界上第一个 a-Si 太阳电池。非晶硅原子排列呈无规则状态，理论转换效率 18%，实际转换效率 7%～9%。非晶硅电池是在玻璃基板上使用蒸镀非晶硅层的方法，薄膜层厚度数微米，节约原材料，批量生产时成本低。非晶硅薄膜电池的薄膜可附着在廉价的基片介体如玻璃、活性塑料或不锈钢等之上，不仅可节省大量材料成本，也可制作大面积、专供建筑使用的透明玻璃光电砖。

非晶硅太阳电池有各种不同的结构。其中 PiN 结构电池是在衬底上先沉积一层掺磷的 N 型非晶硅，再沉积一层未掺杂的 i 层，然后再沉积一层掺硼的 P 型非晶硅，最后用电子束蒸发一层减反射膜，并蒸镀银电极。该工艺可以采用一连串沉积室，在生产中构成连续程序，以实现大批量生产。同时，非晶硅太阳电池很薄，可以制成叠层式，或采用集成电路的方法制造，在一个平面上，用适当的掩膜工艺，一次制作多个串联电池，以获得较高的电压。典型的非晶硅太阳电池的结构如图 2-32 所示。

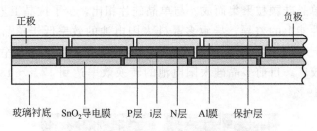

图 2-32　非晶硅太阳电池的结构

(4) 化合物太阳电池

化合物太阳电池主要包括砷化镓Ⅲ-Ⅴ族化合物、硫化镉、硫化镉及铜铟硒薄膜电池等。

① 砷化镓 GaAs、InP 太阳电池　砷化镓 GaAs 属于Ⅲ-Ⅴ族化合物半导体材料,其能隙为 1.42eV,正好为高吸收率太阳光的值,是很理想的电池材料。由于Ⅲ-Ⅴ族化合物是直接带隙,少数载流子扩散长度较短,且抗辐射性能好,更适合空间能源领域。目前实验室最高效率已达到 50%。

1998 年德国费莱堡太阳能系统研究所制得的 GaAs 太阳电池转换效率为 24.2%,首次制备的 GaInP 电池转换效率为 14.7%。另外,该研究所还采用堆叠结构制备 GaAs、GaSb 电池,该电池是将两个独立的电池堆叠在一起,GaAs 作为上电池,下电池用的是 GaSb,所得到的电池效率达到 31.1%。新一代的 GaAs 多接面太阳电池,例如 GaAs、Ge 和 GaInP$_2$ 的三接面太阳电池,因可吸收光谱范围非常广,所以转换效率可高达 39% 以上。

Ⅲ-Ⅴ族化合物太阳电池的效率随着温度增加下降的程度远比硅慢,可以聚焦到 1000 倍或 2000 倍的程度。利用聚光技术的聚光太阳电池的理论转换效率达到 40% 以上。

典型的砷化镓太阳电池的结构如图 2-33 所示。

减反射膜	上电极
AlGaAs窗口层	
GaAs发射构	
GaAs基区	
GaAs缓冲区	
Ge衬底	
下电极	

图 2-33　GaAs、Ge 单结太阳电池结构示意图

② CIS/CIGS 太阳电池　铜铟硒 CuInSe$_2$ 简称 CIS。CIS 材料的能降为 1.1eV,适于太阳光的光电转换。CIS 薄膜太阳电池不存在光致衰退问题。在 CIS 电池中加入镓 Ga 构成了 CIGS 太阳电池,即 Cu(In$_{1-x}$Ga$_x$)Se$_2$。Ga 的组成 x 从 0～1 变化时,半导体的能带则从 1.0～1.7eV 变化,控制 x 可使太阳电池的组成达到最佳。当 x 为 0 时,则为 CIS 太阳电池。

除了玻璃外,也可使用金属箔、塑料等较轻且柔软的材料作为衬底制成 CIGS 柔性太阳电池。CIGS 太阳电池的理论转换效率达 25%～30% 以上,目前在 14% 左右。

CIGS 太阳电池的典型结构如图 2-34 所示,主要由背电极(正电极)、P 型 CIGS(光吸收层)、N 型 ZnO 层透明导电膜、CdS 缓冲层等构成。

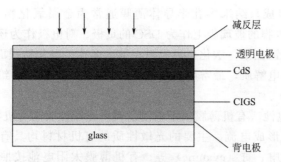

图 2-34　CIGS 薄膜电池的典型结构示意图

③ CdS/CdTe 太阳电池　由 Ⅱ-Ⅵ 族组成的太阳电池有硫化镉、碲化镉太阳电池。一般使用由两者结合而成的 CdS/CdTe 太阳电池，其中 CdS 为 N 型，CdTe 为 P 型。CdTe 的禁带宽度一般为 1.47eV，CdTe 的光谱响应和太阳光谱非常匹配。CdTe 的吸收系数在可见光范围高达 $104cm^{-1}$ 以上，95％ 的光子可在 $1\mu m$ 厚的吸收层内被吸收。碲化镉薄膜太阳电池的理论光电转换效率约为 28％。

碲化镉薄膜太阳电池是在玻璃或是其他柔性衬底上依次沉积多层薄膜而构成的光伏器件。一般标准的碲化镉薄膜太阳电池由五层结构组成。碲化镉薄膜太阳能电池的结构如图 2-35 所示。玻璃衬底主要对电池起支架、防止污染和入射太阳光的作用。TCO 层即透明导电氧化层，主要起透光和导电的作用。CdS 窗口层 N 型半导体，与 P 型 CdTe 组成 PN 结。CdTe 吸收层是电池的主体吸光层，与 N 型的 CdS 窗口层形成的 PN 结是整个电池最核心的部分。背接触层和背电极则是为了降低 CdTe 和金属电极的接触势垒，引出电流，使金属电极与 CdTe 形成欧姆接触。

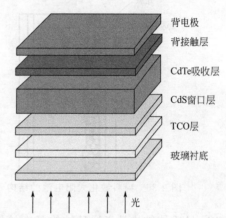

图 2-35　碲化镉薄膜太阳能电池结构示意图

由于碲化镉薄膜太阳电池含有重金属元素镉，使很多人担心碲化镉太阳电池的生产和使用对环境的影响。美国 First Solar 公司的碲化镉太阳电池组件在销售时就与用户签订了由工厂支付回收费用的回收合同。

(5) 有机太阳电池

有机太阳电池是由有机材料制成的太阳电池，可分为染料敏化太阳电池和有机薄膜太阳电池。

① 染料敏化太阳电池　1991 年，Michael Grätzel 于《Nature》上发表了关于染料敏化纳米晶体太阳电池的文章，以较低的成本得到了大于 7％ 的光电转化效率，引起了关注。2014 年，Michael Grätzel 课题组再次刷新染料敏化太阳电池效率，最终达到 13％。染料敏化太阳电池是以低成本的纳米二氧化钛和光敏染料为主要原料，模拟自然界中植物利用太阳能进行光合作用，将太阳能转化为电能。该电池使用的纳米二氧化钛、N3 染料、电解质等材料价格便宜且环保无污染，同时它对光线的要求相对不那么严格，即使在比较弱的光线照射下也能工作。

染料敏化太阳电池主要由纳米多孔半导体薄膜、染料敏化剂、氧化还原电解质、对电极和导电基底等几部分组成。纳米多孔半导体薄膜通常为金属氧化物（TiO_2、SnO_2、ZnO 等），聚集在有透明导电膜的玻璃板上作为 DSC 的负极。对电极作为还原催化剂，通常在带有透明导电膜的玻璃上镀上铂，敏化染料吸附在纳米多孔二氧化钛膜面上，正负极间填充的是含有氧化还原电对的电解质，最常用的是 KCl（氯化钾）。图 2-36 给出了典型的染料敏化太阳电池的结构。

② 有机薄膜太阳电池　有机薄膜太阳电池以具有光敏性质的有机物作为半导体的材料，以光伏效应而产生电压形成电流。主要的光敏性质的有机材料均具有共轭结构并且有导电性，如酞菁化合物、卟啉、菁（cyanine）等。有机薄膜太阳电池按照半导体的材料，可以分为单质结结构、P-N 异质结结构、染料敏化纳米晶结构。

单质结结构是以 Schotty 势垒为基础原理而制作的有机薄膜太阳电池（图 2-37）。其结构为玻璃/金属电极/染料/金属电极，利用两个电极的功函不同，可以产生一个电场，电子从低功函的金属电极传递到高功函电极，从而产生光电流。由于电子-空穴均在同一种材料中传递，所以其光电转化率比较低。

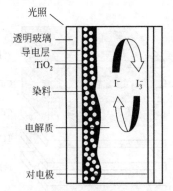

图 2-36　染料敏化太阳电池的结构

图 2-37　单质结有机薄膜太阳电池

PN 异质结结构是指这种结构具有给体-受体（N 型半导体与 P 型半导体）的异质结结构（图 2-38）。其中半导体的材料多为染料，如酞菁类化合物、苝四甲醛亚胺类化合物，利用半导体层间的 D/A 界面（Donor 给体，Acceptor 受体）以及电子-空穴分别在不同的材料中传递的特性，使分离效率提高。Elias Stathatos 等结合无机以及有机化合物的优点，制得的太阳电池光电转化率在 5%～6%。

（6）层积太阳电池

层积太阳电池的结构如图 2-39 所示。层积太阳电池由两个以上的太阳电池层积而成。层积太阳电池可利用较宽波长范围的太阳光能量，因此转换效率较高。

2013 年 9 月，德国弗朗霍夫太阳能系统研究所、法国聚光光伏制造商 Soitec 公司、德国柏林亥姆霍兹研究中心携手宣布，他们制造出一款在 297 倍聚光浓度下、光电转化效率高达 44.7% 的四结光伏电池。最新研制出的四结太阳电池中的单个电池由不同的 Ⅲ-Ⅴ 族（元素周期表中 Ⅲ 族的 B、Al、Ga、In 和 Ⅴ 族的 N、P、As、Sb 等）半导体材料制成，这些结点逐层堆积，单个子电池能吸收太阳光光谱中不同波长的光。

（7）量子点太阳电池（图 2-40）

量子点（quantum dot，QD）是指尺寸在几十纳米范围内的纳米晶粒，电子被约束在三维势阱中，其运动在各个方向都是量子化的，因而形成类似于原子内的分裂能级结构，所以 QDs 也被称为人造原子。与传统的体材料相比，QDs 的基本优势在于：通过共振隧穿效应，能提高电池对光生载流子的收集率，从而增大光电流；通过调节量子点的尺寸和形状，可以优化量子化能级与太阳光谱的匹配度。

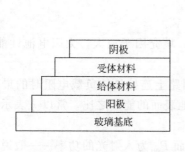

图 2-38　PN 异质结电池

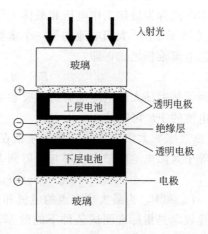

图 2-39　层积太阳电池的结构

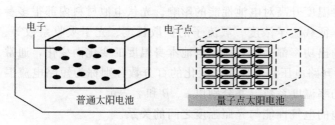

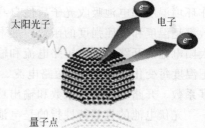

图 2-40　量子点太阳电池与普通太阳电池

2.3.3　太阳电池的特性

太阳电池有太阳电池的极性、性能参数、伏安特性、温度特性和光照特性 5 个基本特性。具体解释如下。

（1）太阳电池的极性

硅太阳电池一般制成 P^+/N 型结构或 N^+/P 型结构。P^+ 和 N^+ 表示太阳电池正面光照层半导体材料的导电类型，N 和 P 表示太阳电池背面衬底半导体材料的导电类型。太阳电池的电性能与制造电池所用半导体材料的特性有关。

（2）太阳电池的性能参数

太阳电池的性能参数由开路电压、短路电流、最大输出功率、填充因子、转换效率等组成。这些参数是衡量太阳电池性能好坏的标志。

① 开路电压　开路电压 V_{oc} 即将太阳电池置于 $100mW/cm^2$ 的光源照射下，两端开路时太阳电池的输出电压值。

② 短路电流　短路电流 I_{sc} 就是将太阳电池置于标准光源的照射下，输出端短路时流过太阳电池两端的电流。

③ 最大输出功率　太阳电池的工作电压和电流是随负载电阻而变化的，将不同阻值所

对应的工作电压和电流值做成曲线，就得到太阳电池的伏安特性曲线。如果选择的负载电阻值能使输出电压和电流的乘积最大，即可获得最大输出功率，用符号 P_m 表示，此时的工作电压和工作电流称为最佳工作电压和最佳工作电流，分别用符号 U_m 和 I_m 表示。

④ 填充因子 FF　太阳电池的另一个重要参数是填充因子 FF，是最大输出功率与开路电压和短路电流乘积之比，即：

$$FF = I_m V_m / I_{sc} V_{oc}$$

填充因子是表征太阳电池优劣的重要参数之一。填充因子愈大，太阳电池性能就愈好，优质太阳电池的 FF 可高达 0.8 以上。

⑤ 转换效率　太阳电池的转换效率指在外部回路上连接最佳负载电阻时的最大能量转换效率，等于太阳电池的输出功率与入射到太阳电池表面的能量之比。常以 η 表示，即：

$$\eta = I_m V_m / P_{in}$$

其中，I_m 和 V_m 为最大功率点的电流和电压，而 P_{in} 为入射光的功率。一般说的太阳电池光电转换效率是指标准测试条件下的效率。所谓标准测试条件是测试温度 25℃，入射光强度为 $100 \mathrm{mW/cm^2}$（或 $1000 \mathrm{W/m^2}$）。

(3) 伏安特性、温度特性和光照特性

光伏电池的伏安特性是指其电压-电流特性。光伏电池的温度特性指的是，光伏电池工作环境温度和电池吸收光子后使自身温度升高对电池性能的影响。光伏电池材料内部很多参数都是温度和光照强度的函数，如本征载流子浓度、载流子的扩散长度、光子吸收系数等。太阳电池的开路电压、短路电流和输出功率都会随着太阳电池本身温度的变化而变化，通常把温度每变化 1℃ 造成的短路电流、开路电压和输出功率变化的百分数分别称为短路电流温度系数、开路电压温度系数和输出功率温度系数，并分别以 α、β 和 γ 表示。

光伏电池的光照特性指的是电池的电气性能与光照强度之间的关系。

【可练习项目】

(1) 调查说明市场化的太阳电池有哪些？
(2) 查阅资料说明描述太阳电池性能的参数有哪些？

2.4　光伏组件

① 了解光伏组件的定义。
② 了解光伏组件的类型与结构。
③ 了解光伏组件的主要市场应用情况。

【知识描述】

2.4.1　光伏组件的定义

太阳电池组件是把多个单体的太阳电池片根据需要串并联起来，并通过专门材料和专门生产工艺进行封装后的产品。

　　单个太阳电池往往因为输出电压太低，输出电流不合适，晶体硅太阳电池本身又比较脆，不能独立抵御外界恶劣条件，因而在实际使用中需要把单体太阳电池进行串、并联，并加以封装，接出外连电线，成为可以独立作为光伏电源使用的太阳电池组件（Solar Module 或 PV Module，也称光伏组件）。太阳电池组件通过吸收阳光，将太阳的光能直接变成用户所需的电能输出。

2.4.2　光伏组件的类型与结构

（1）光伏组件的类型

太阳电池组件的分类依据有多种，主要分类依据有以下几种：

　　① 按太阳电池的材料分类　晶体硅太阳电池组件和薄膜太阳电池组件；

　　② 按封装类型分类　刚性太阳电池组件、柔性太阳电池组件和半刚性太阳电池组件；

　　③ 按透光度分类　透光性太阳电池组件和不透光太阳电池组件；

　　④ 按与建筑物结合的方式分类　屋顶太阳电池组件、窗檐太阳电池组件、玻璃幕墙太阳电池组件和建筑一体化材料。

（2）光伏组件的典型结构

　　① 单面玻璃光伏组件　常见的晶体硅太阳光伏组件多为平板式封装结构，经真空层压而成。组件的上表面是玻璃板，既能起到支撑太阳电池片的作用，又能让光线透过。背面是一层合金复合膜，主要功能是耐腐蚀、抗老化和良好的电绝缘性能。太阳电池被镶嵌在两层被称作 EVA（乙烯-乙酸乙烯酯共聚物）的聚合物中，聚合物的作用是固定和保护太阳电池。在这样的三明治结构的周围增加了铝边框，便于运输和安装。组件底板的组件引出线通常采用橡皮软线或聚氯乙烯绝缘线等。图 2-41 给出了常见晶体硅光伏组件的结构。

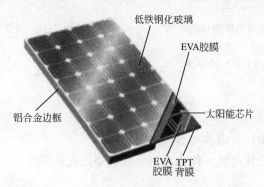

图 2-41　常见晶体硅光伏组件的结构示意图

　　② 双面玻璃晶体硅光伏组件　与普通组件结构相比，双面玻璃组件利用玻璃代替 TPE（或 TPT）作为组件背板材料。由于这种组件有美观、透光的优点，在光伏建筑上应用非常广泛（图 2-42），如太阳能智能窗、太阳能凉亭、光伏建筑顶棚、光伏玻璃幕墙等。与建筑结合是太阳能光电发展的一大趋势，预计双面玻璃组件商业市场会进一步扩大。

　　③ 钢化薄膜光伏组件　非晶硅薄膜光伏组件通常是将薄膜制作在玻璃衬底上，封装的时候则是在电池的另一侧表面进行封装，与晶体硅光伏组件的封装结构及工艺有所不同。图 2-43 给出了非晶硅薄膜光伏组件的结构。

　　④ 柔性薄膜光伏组件　非晶硅、CIGS 薄膜电池可以将薄膜镀在不锈钢、塑料等衬底上，做成可弯曲甚至卷曲折叠的光伏组件，称为柔性薄膜组件，如图 2-44 所示。

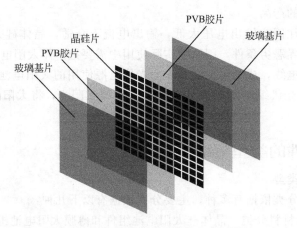

图 2-42　双面玻璃晶体硅光伏组件的结构

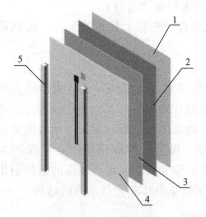

图 2-43　刚性非晶硅薄膜光伏组件的结构
1—前表面玻璃；2—非晶硅/微晶硅薄膜；
3—PVB 膜；4—背板玻璃；5—封装条

图 2-44　柔性薄膜光伏组件

【可练习项目】

（1）市场化的光伏组件有哪些类型？结构如何？

（2）查阅资料说明光伏建筑一体化应用哪些类型的光伏组件？

2.5　太阳能光伏系统及应用

知识目标

① 了解太阳能光伏系统的种类及用途。

② 了解太阳能光伏系统的基本构成。

③ 了解太阳能光伏发电站的现状。

④ 了解太阳能光伏应用产品的类型及应用情况。

【知识描述】

2.5.1　太阳能光伏系统的种类及用途

一般将光伏系统分为独立系统、并网系统和分布式发电系统。如果根据太阳能光伏系统的应用形式、应用规模和负载的类型，对光伏供电系统进行比较细致的划分，还可以将光伏系统细分为如下 7 种类型：小型太阳能供电系统、简单直流系统、大型太阳能供电系统、交流/直流供电系统（AC/DC）、并网系统、混合供电系统、并网混合系统。

（1）独立光伏系统

独立光伏发电系统也叫离网光伏发电系统，主要由太阳电池组件、控制器、蓄电池组成。若为交流负载供电，还需要配置交流逆变器。

① 无蓄电池的直流光伏发电系统　无蓄电池的直流光伏发电系统的特点是用电负载是直流负载，对负载使用时间没有要求，负载主要在白天使用。太阳电池与用电负载直接连接，有阳光时就发电供负载工作，无阳光时就停止工作。系统不需要使用控制器，也没有蓄电池储能装置。这种系统最典型的应用是太阳能光伏水泵。

② 有蓄电池的直流光伏发电系统　有蓄电池的直流光伏发电系统由太阳电池、充放电控制器、蓄电池以及直流负载等组成。有阳光时，太阳电池将光能转换为电能供负载使用，并同时向蓄电池存储电能。夜间或阴雨天时，则由蓄电池向负载供电。这种系统应用广泛，小到太阳能草坪灯、庭院灯，大到远离电网的移动通信基站、微波中转站、边远地区农村供电等。

③ 交流及交、直流混合光伏发电系统　与直流光伏发电系统相比，交流光伏发电系统多了一个交流逆变器，如图 2-45 所示，用以把直流电转换成交流电，为交流负载提供电能。交、直流混合光伏发电系统既能为直流负载供电，也能为交流负载供电。

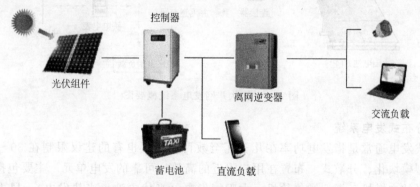

图 2-45　交直流混合负载离网系统原理图

④ 多能源混合离网发电系统　结合多种资源提供不间断电力供应，如采用风力发电和太阳能发电相结合的方式等。参阅图 2-46。

（2）并网光伏系统

光伏并网发电系统就是太阳能光伏发电系统与常规电网相连，共同承担供电任务。当有阳光时，逆变器将光伏系统所发的直流电逆变成正弦交流电，产生的交流电可以直接供给交流负载，然后将剩余的电能输入电网，或者直接将产生的全部电能并入电网。在没有太阳时，负载用电全部由电网供给。

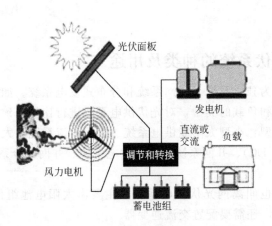

图 2-46　多能源混合离网发电系统

因为直接将电能输入电网，光伏独立系统中的蓄电池完全被光伏并网系统中的电网所取代。但是系统中需要专用的并网逆变器，以保证输出的电力满足电网对电压、频率等性能指标的要求。逆变器同时还控制光伏阵列的最大功率点跟踪（MPPT），控制并网电流的波形和功率，使向电网传送的功率和光伏阵列所发出的最大功率电能相平衡。这种系统通常能够并行使用市电和太阳能光伏系统作为本地交流负载的电源，降低了整个系统的负载断电率，而且并网光伏系统还可以对公用电网起到调峰的作用，参阅图 2-49。

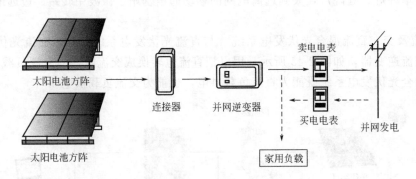

图 2-49　光伏并网发电系统概要图

（3）分布式发电系统

分布式发电通常是指发电功率在几千瓦至数百兆瓦（也有的建议限制在 30～50MW 以下）的小型模块化、分散式、布置在用户附近的高效、可靠的发电单元。主要包括以液体或气体为燃料的内燃机、微型燃气轮机、太阳能发电（光伏电池、光热发电）、风力发电、生物质能发电等。图 2-48 为风光互补并网发电系统。

分布式发电系统可以定义为：所有不直接与国家电网连接、不由中央配电系统进行配送、不经电网调频的发电系统。这个定义和意大利对输电网的定义相符，按照这个定义，输电网的主要功能是连接发电厂和配电系统。从这个意义上说，现在只有高压和超高压线路才被看作输电线，这些线路只与 10MW 以上电厂连接，因此认为将来只有 10MW 以上才可以直接参与电力市场。这样说来，分布式发电系统应该包含所有发电能力在 10MW 以下的电厂。

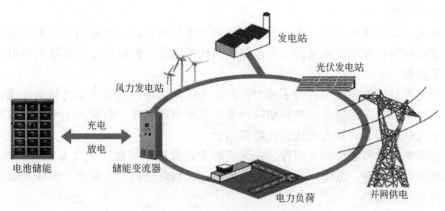

图 2-48　风光互补并网发电系统

2.5.2　太阳能光伏系统的基本构成

(1) 光伏方阵

光伏方阵又称光伏阵列，由若干个光伏组件在机械和电气上按一定方式组装在一起，并且有固定的支撑结构而构成的直流发电单元。

(2) 光伏控制器

光伏控制器是用于太阳能发电系统中，控制多路太阳电池方阵对蓄电池充电以及蓄电池给太阳能逆变器负载供电的自动控制设备。光伏控制器采用高速 CPU 微处理器和高精度 A/D 模数转换器，是一个微机数据采集和监测控制系统，既可快速实时采集光伏系统当前的工作状态，随时获得 PV 站的工作信息，又可详细积累 PV 站的历史数据，为评估 PV 系统设计的合理性及检验系统部件质量的可靠性提供准确而充分的依据。此外，光伏控制器还具有串行通信数据传输功能，可将多个光伏系统子站进行集中管理和远距离控制。

(3) 逆变器

逆变器又称电源调整器，根据逆变器在光伏发电系统中的用途可分为独立型电源用和并网用两种。根据波形调制方式又可分为方波逆变器、阶梯波逆变器、正弦波逆变器和组合式三相逆变器。对于用于并网系统的逆变器，根据有无变压器又可分为变压器型逆变器和无变压器型逆变器。

逆变器将直流电转化为交流电，若直流电压较低，则通过交流变压器升压，即得到标准交流电压和频率。对大容量的逆变器，由于直流母线电压较高，交流输出一般不需要变压器升压即能达到 220V。在中、小容量的逆变器中，由于直流电压较低，如 12V、24V，就必须设计升压电路。

中、小容量逆变器一般有推挽逆变电路、全桥逆变电路和高频升压逆变电路三种。推挽电路，将升压变压器的中性插头接于正电源，两只功率管交替工作，输出得到交流电力，由于功率晶体管共地边接，驱动及控制电路简单，另外由于变压器具有一定的漏感，可限制短路电流，因而提高了电路的可靠性。其缺点是变压器利用率低，带动感性负载的能力较差。

逆变器有多种类型，因此在选择机种和容量时需特别注意。尤其在太阳能发电系统中，逆变器效率的高低是决定太阳电池容量和蓄电池容量大小的重要因素。逆变装置的核心，是逆变开关电路，简称为逆变电路。该电路通过电力电子开关的导通与关断，来完成逆变的功能，将直流电转换为交流电，满足电能直流要求。

（4）储能系统

为了解决太阳能光伏发电功率不稳定、负载用电等问题，一般采用蓄电池等储能方法储存太阳能发电产生的电能。常见的蓄电池包括铅酸蓄电池、锂电池、大容量电容电池等。

（5）汇流箱

在太阳能光伏发电系统中，为了减少太阳能光伏电池阵列与逆变器之间的连线，使用到汇流箱。用户可以将一定数量、规格相同的光伏电池串联起来，组成一个个光伏串列，然后再将若干个光伏串列并联接入光伏汇流防雷箱。

为了提高系统的可靠性和实用性，在光伏防雷汇流箱里配置了光伏专用直流防雷模块、直流熔断器和断路器等，方便用户及时准确地掌握光伏电池的工作情况，保证太阳能光伏发电系统发挥最大功效。

（6）买、卖双向电表

双向计量电表就是能够计量用电和发电的电能表。功率和电能都是有方向的，从用电的角度看，用电算为正功率或正电能，发电算为负功率或负电能，该电表可以通过显示屏分别读出正向电量和反向电量并将电量数据存储起来。安装双向电表的原因是由于光伏发出的电存在不能全部被用户消耗的情况，而余下的电能则需要输给电网，电表需要计量一个数字；在光伏发电不能满足需求时则需要使用电网的电，这又需要计量另一个数字。普通单块电表不能达到这一要求，需要使用具有双向电表计量功能的智能电表。

（7）监测系统

光伏电站监控系统就是将光伏电站的逆变器、汇流箱、辐照仪、气象仪、电表等设备通过数据线连接起来，用光伏电站数据采集器进行这些设备的数据采集，并通过 GPRS、以太网、WIFI 等方式上传到网络服务器或本地电脑，使用户可以在互联网或本地电脑上查看相关数据，方便电站管理人员和用户对光伏电站的运行数据查看和管理。

2.5.3 太阳能光伏系统的设计与运维

（1）太阳能光伏系统的设计

① 针对设置场所的状况、方位、周围的情况进行调查，选定设置可能的场所。

② 根据调查结果选定太阳电池方阵的设置方式，如组件的方位角、倾斜角的确定。

由于影响光伏发电的主要因素为日照量，所以组件安装时应向阳光最充足的方向安装。不同安装角度对光伏组件的发电效率亦有影响，假定最佳安装角度的效率为 100%，不同方位、角度安装光伏组件的效率见图 2-49。

③ 必要时估算负载所需的电力。

④ 确定可设置的太阳电池方阵的面积、容量及配列，使光伏系统的发电量最大。考虑地点的形状、所需的发电容量以及周围的环境等因素。

⑤ 太阳电池方阵的设计；判断设置光伏组件的可能性，决定必要的组件枚数；设计支架。

⑥ 决定逆变器的容量和类型。

⑦ 确定逆变器等设置场所、分电盘的电路、配线走向等。

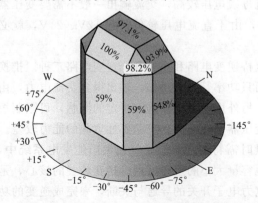

图 2-49　不同方位、角度安装光伏组件的效率

⑧ 设计施工方案。

⑨ 试验运行。

（2）太阳能光伏电站的运行与维护

光伏电站运行的主要工作包括：监视电站设备的主要运行参数，统计电站发电量，接受电网调度指令；巡视检查电站设备的状态，检查电池组件、支架的完好和污染程度，检查电气设备的运行情况；根据电网调度指令和检修工作要求，进行电气设备停送电倒闸操作。

光伏电站的日常维护包括：组件和支架的维护；汇流箱（直流配电柜）的维护；逆变器的维护；交流配电柜的维护、变压器的维护；电缆的维护等。

2.5.4　太阳能光伏应用产品

（1）太阳能光伏水泵

太阳能水泵亦称太阳能光伏扬水系统，是通过光伏逆变器，利用光伏阵列发电驱动水泵工作的光伏系统，该系统主要由光伏阵列、逆变器、水泵组成，如图 2-50 所示。水泵是输送液体或使液体增压的机械，它将原动机的机械能或其他能量传送给液体，使液体能量增加。应用时，根据扬程和日用水量的需求，配置相应功率的太阳电池阵列。

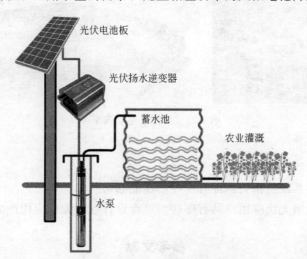

图 2-50　光伏水泵结构原理图

图 2-51　太阳能灯

（2）太阳能光伏照明

太阳能照明包括太阳能庭院灯、太阳能草坪灯、太阳能手提灯及太阳能手电筒等太阳能照明系统（图 2-51）。太阳能庭院灯以太阳光为能源，白天利用太阳电池板给蓄电池充电，晚上蓄电池给庭院灯光源供电使用，充电及开/关过程采用智能控制。庭院灯典型灯头是6W和9W的，通过加大电流的方式，可以做到12W功率。太阳能草坪灯由光伏组件、超高亮LED灯、免维护可充电蓄电池、自动控制电路等组成。

（3）太阳能汽车

目前市场上太阳能电动车的种类较多，已经投入的有以下几种形式：一种是短时间、短距离使用纯太阳能电源电动车，用于短距离、短时间接送车，不用的时候可以放在太阳底下充电，这类车备有蓄电池；另一种同样是短时间、短距离使用太阳能电源＋常规电源充电电动车，太阳能电源不足部分，采用常规电能充电；第三种是太阳能电源＋其他能源的汽车，太阳能用作汽车部分功能的电源使用，如音响等用电量少的电器部分；第四种是纯太阳能能源汽车，基本处于研究阶段。

一家名为Immortus的公司宣布将利用太阳能动力推出一款两门跑车（图2-52）。在60km/h时速下可以无限里程地续航。7m² 的太阳能光伏板为车辆提供动力，电池组容量为10kW·h。两台额定功率分别为20kW的电动机（综合功率40kW），可以使该车在7s内完成0～100km/h的加速，最高时速可达150km/h。

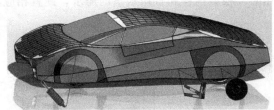

图 2-52　太阳能电动汽车

【可练习项目】

（1）太阳能光伏系统的相关部件有哪些？性能如何？

（2）查阅资料说明光伏应用产品有哪些？可否设计一款光伏应用产品。

参考文献

[1]　罗大为．金属玻璃太阳能真空集热管的封接工艺技术．太阳能，2012，1.

[2]　朱维军，严伟，赵霞等．光纤传导太阳光照明系统．太阳能，2012，9.

[3]　王革华．新能源概论．北京：化学工业出版社，2013.

[4]　车孝轩．太阳能光伏系统概论．武汉：武汉大学出版社，2012.

第 3 章

生物质能开发与利用技术

3.1 生物质能资源

知识目标

① 了解生物质能资源的概念。
② 了解生物质能的组成与结构。
③ 了解生物质转化及利用方式。

【知识描述】

3.1.1 生物质能的定义

(1) 生物质

生物质是指利用大气、水、土地等通过光合作用而产生的各种有机体，即一切有生命的可以生长的有机物质，通称为生物质。它包括植物、动物和微生物。

广义的生物质包括所有的植物、微生物以及以植物、微生物为食物的动物及其生产的废弃物。有代表性的生物质如农作物、农作物废弃物、木材、木材废弃物和动物粪便。狭义的生物质主要是指农林业生产过程中除粮食、果实以外的秸秆、树木等木质纤维素、农产品加工业下脚料、农林废弃物及畜牧业生产过程中的禽畜粪便和废弃物等物质。

生物质包括植物通过光合作用生成的有机物（如植物、动物及其排泄物）、垃圾及有机废水等几大类。

(2) 生物质能

生物质能是太阳能以化学能形式储存在生物质中的能量形式，即以生物质为载体的能量。它直接或间接地来源于绿色植物的光合作用，可转化为常规的固态、液态和气态燃料，是唯一的一种可再生的碳源（图 3-1）。

地球上的植物进行光合作用所消费的能量，占太阳照射到地球总辐射量的 0.2%。这个比例虽不大，但绝对值很惊人：经由光合作用转化的太阳能是目前人类能源消费总量的 40 倍。

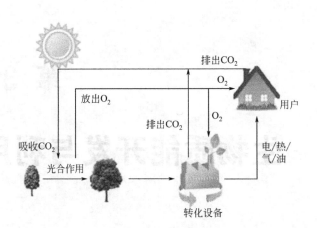

图 3-1　生物质能可再生循环利用图

3.1.2　生物质的组成与结构

生物质是由多种复杂的高分子有机化合物组成的，主要有纤维素、半纤维素、木质素、淀粉、蛋白质、脂质、葡萄糖等。两个葡萄糖分子之间脱水后，它们的分子就会连到一起，成为淀粉，有利于储存；更多的葡萄糖分子脱水后聚集起来就形成了一个更大的集团——纤维素，自然界中只有某些细菌类（如沼气菌）能把它分解成为淀粉或葡萄糖。有的葡萄糖则被细胞转化为其他物质，参与各种生命活动，在不同的条件下与不同的物质组成为不同的碳框架物质。

① 纤维素　纤维素是由许多 β-D-葡萄糖基通过 1-4 苷键连接起来的线形高分子化合物，即 $(C_6H_{10}O_5)_n$（n 为聚合度），含碳 44.44%，氢 6.17%，氧 49.39%。天然纤维素的平均聚合度一般从几千到几十万，为白色物质，不溶于水，无还原性，水解一般需要浓酸或稀酸在加压下进行。水解可得纤维四糖、纤维三糖、纤维二糖，最终产物为 D-葡萄糖。

② 半纤维素　半纤维素是来源于植物的聚糖类，分别含有一至几种糖基，如 D-木糖基、D-甘露糖基与 D-葡萄糖基或半乳糖基等构成基础链，其他糖基作为支链连接于此基础链上。半纤维素大量存在于植物的木质化部分，如秸秆、种皮、坚果壳及玉米穗等，其含量依植物种类、部位和老幼程度有所不同。半纤维素的前驱物是糖核苷酸。

③ 木质素　木质素是在酸作用下难以水解的相对分子质量较高的物质，主要存在于木质化植物的细胞中，强化植物组织。其化学结构是苯丙烷类结构单元组成的复杂化合物，含有多种活性官能团。

④ 淀粉　淀粉是由 D-葡萄糖和一部分麦芽糖结构单元组成的多糖，是以 α-葡萄糖苷键结合而成。淀粉溶于水，分为热水中可溶和不溶两部分。可溶部分称为直链淀粉，占淀粉的 10%～20%，相对分子质量 1 万～6 万；而不溶部分称为支链淀粉，占 80%～90%，相对分子质量 5 万～10 万，支链淀粉具有分支结构。

⑤ 蛋白质　蛋白质是由氨基酸高度聚合而成的高分子化合物，随着所含氨基酸的种类、比例和聚合度的不同，蛋白质的性质也不同。蛋白质与纤维素和淀粉等碳水化合物组成成分相比，在生物质中的占比较低。元素组成一般含碳 50%～56%、氢 6%～8%、氧 19%～24%、氮 3%～19%。此外，还含有硫 0～4%。有些蛋白质含有磷，少数含铁、铜、锌、

钼、锰、钴等金属，个别含碘。

⑥ 脂类 脂类是不溶于水而溶于非极性溶剂的一大类有机化合物。脂类主要化学元素是 C、H 和 O，有的脂类还含有 P 和 N。脂类分为中性脂肪、磷脂、类固醇等。油脂是细胞中能量最高而体积最小的储藏物质，在常温下为液态的称为油，固态的称为脂。植物种子会储存脂肪于子叶或胚乳中以供自身使用，是植物油的主要来源。

3.1.3 生物质能转化及利用

生物质的转化利用途径主要包括物理转化、化学转化、生物转化等，可以转化为二次能源，分为热能或电力、固体燃料、液体燃料和气体燃料等（图 3-2）。

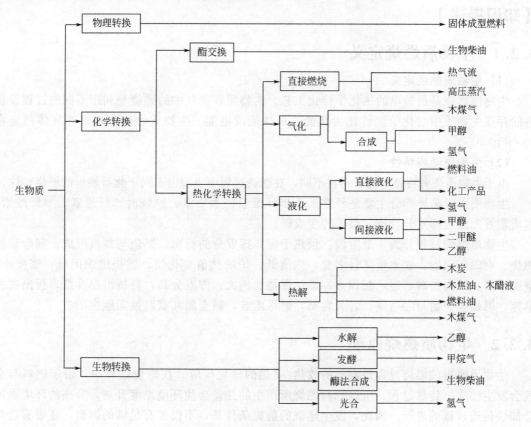

图 3-2 生物质能源转换技术及产品

生物质的物理转化是指生物质的固化，将生物质粉碎至一定的平均粒径，不添加粘接剂，在高压下挤压成一定形状。生物质化学转化主要包括直接燃烧、液化、气化、热解、酯交换等。生物质的生物转化是利用生物化学过程将生物质原料转变为气态和液态燃料的过程，通常分为发酵生产乙醇工艺和厌氧消化技术。

【可练习项目】

（1）什么是生物质能？

（2）查阅资料说明生物质能市场化应用的产品有哪些？

3.2 生物质能燃烧

知识目标

① 了解生物质燃烧的定义及原理。

② 了解生物质燃烧技术。

③ 了解生物质直接燃烧发电技术。

【知识描述】

3.2.1 生物质燃烧定义

(1) 生物质燃烧定义

生物质燃烧是最简单的热化学转化工艺。生物质在空气中的燃烧是利用不同的过程设备将储存在生物质中的化学能转化为热能、机械能或电能。生物质燃烧产生的热气体稳定在 $800\sim1000℃$。

(2) 生物质燃烧特性

由于生物质燃料特性与化石燃料不同，在燃烧过程中表现出不同于化石燃料的燃烧特性。

生物质燃料易燃部分主要是纤维素、半纤维素、木质素。燃烧时，纤维素、半纤维素、木质素首先放出挥发分物质，最后转变成碳。

生物质燃烧过程分为 3 个阶段：预热干燥；挥发分的析出、燃烧与焦炭形成；残余焦炭燃烧。有以下问题：含水量高且多变，热值低，炉前热值变化快，燃烧组织困难；密度小，空隙率高，结构松散，迎风面积大，悬浮燃烧比例大；挥发分高，且析出温度低，析出过程迅速，燃烧组织需与之适应；着火容易，燃尽困难，碱金属和氯腐蚀问题突出。

3.2.2 生物质燃烧原理

生物质燃料的燃烧过程是剧烈的放热/吸热的理化反应。在燃烧过程中，由于燃料与空气会发生传质、传热过程，所以燃料燃烧所产生的热量会使环境温度升高，升高的环境温度会加快传质过程的进行。因此，发生燃烧的前提条件是，不仅要有足够的燃料，还要有适当的空气供给和足够的热量供给。

生物质燃料的燃烧过程可以分为燃料预热、干燥、挥发分析出燃烧和焦炭燃烧 4 个阶段。各个阶段大都是串行的，也有重叠进行的，没有严格的区分线，每个阶段所需的时间和燃料种类、成分和燃烧方式等因素息息相关。

生物质燃烧机理属于静态渗透式扩散燃烧。

① 生物质燃料表面可燃挥发物燃烧，进行可燃气体和氧气的放热化学反应，形成火焰。

② 除了生物质燃料表面部分可燃挥发物燃烧外，成型燃料表层部分的碳处于过渡燃烧区，形成较长的火焰。

③ 生物质燃料表面仍有较少的挥发分燃烧，更主要的是燃烧向成型燃料更深层渗透。焦炭的扩散燃烧，燃烧产物 CO_2、CO 及其他气体向外扩散，行进中的 CO 与 O_2 结合形成 CO_2，成型燃料表层生成薄灰壳，外层包围着火焰。

④ 生物质燃料进一步向更深层发展，在层内主要进行碳燃烧（即 $C+O_2 \rightarrow CO$），在球表面进行一氧化碳的燃烧（即 $C+O_2 \rightarrow CO_2$），形成比较厚的灰壳，由于生物质的燃尽和热膨胀，灰层中呈现微孔组织或空隙通道甚至裂缝，较少的短火焰包围着成型块。

⑤ 燃尽壳不断加厚，可燃物基本燃尽，在没有强烈干扰的情况下，形成整体的灰球，灰球表面几乎看不见火焰，灰球会变暗红色。至此完成生物质燃料燃烧的整个过程。

3.2.3 生物质燃烧技术

(1) 生物质直接燃烧技术

生物质直接燃烧主要分为炉灶燃烧和锅炉燃烧。炉灶燃烧操作简单、投资较省，但燃烧效率普遍偏低，造成生物质资源的显著浪费。锅炉燃烧采用先进的燃烧技术，把生物质作为锅炉的燃料燃烧，适用于相对集中、大规模地利用生物质资源。按照锅炉燃烧用生物质品种的不同，可以分为木材炉、薪柴炉、秸秆炉、垃圾焚烧炉等；按照锅炉燃烧方式的不同，可以分为流化床锅炉、层燃炉等。

① 流化床燃烧技术　流化床燃烧是一种燃烧化石燃料、废物和各种生物质燃烧的燃烧技术。它的基本原理是燃料颗粒在流态化（流化）状态下进行燃烧，一般是粗粒子在燃烧室下部燃烧，细粒子在燃烧室上部燃烧，被吹出燃烧室的细粒子采用各种分离器收集下来之后，送回床内循环燃烧。流化床燃烧技术是一种介于层燃和悬浮燃烧之间的燃烧方式，可以分为鼓泡流化床燃烧技术和循环流化床燃烧技术。

通常流化被定义为当固体粒子群与气体或液体接触时，使固体粒子转化变成类似流体状态的一种操作。图 3-3 为不同气流速度下固体颗粒床层的流动状态。

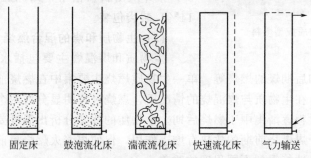

|固定床|鼓泡流化床|湍流流化床|快速流化床|气力输送|

图 3-3　不同气流速度下固体颗粒床层的流动状态

燃料在流化床中的运动形式与在层燃炉和煤粉炉中的运动形式有着明显的区别，流化床的下部装有称为布风板的孔板，空气从布风板下面的风室向上送入，布风板的上方堆有一定粒度分布的固体燃料层，为燃烧的主要空间。流化床一般采用石英砂为惰性介质，依据气固两相流理论，当流化床中存在两种密度或粒径不同的颗粒时，床中颗粒会出现分层流化，两种颗粒沿床高形成一定相对浓度的分布。占份额小的燃料颗粒粒径大而轻，在床层表面附近浓度很大，在底部的浓度接近于零。在较低的风速下，较大的燃料颗粒也能进行良好的流化，而不会沉积在床层底部。料层的温度一般控制在 800～900℃ 之间，属于低温燃烧。

② 生物质层燃技术　生物质锅炉燃料平铺在炉排上，形成一定厚度的燃料层，进行干燥、干馏、还原和燃烧。一次风从下部通过燃料层为燃烧提供氧气，分配、搅动燃料，可燃气体与二次风在炉排上方空间充分混合燃烧。

层燃过程分为灰渣层、氧化层、还原层、干馏层、干燥层、新燃料层。

氧化层区域：通过炉排和灰渣层的空气被预热后和炽热的木炭相遇，发生剧烈的氧化反应，O_2 被迅速消耗，生成了 CO_2 和 CO，温度逐渐升高到最大值。

还原层区域：在氧化层以上的 O_2 基本消耗完毕，烟气中的 CO_2 和木炭相遇，$CO_2 + C \rightarrow 2CO$，烟气中 CO_2 逐渐减少，CO 不断增加。由于是吸热反应，温度将逐渐下降。

温度在还原层上部逐渐降低，还原反应也逐渐停止。再向上则分别为干馏、干燥和新燃料层。生物质投入炉中形成新燃料层，然后加热干燥，析出挥发分，形成木炭。

层燃炉上部空间布置了二次风、燃尽风。二次风是自由空间气相燃烧优化中重要的因素，通过对冲和搅拌作用，以实现挥发分和携带固体颗粒的充分燃尽。对于挥发分含量高的生物质燃料，二次风布置尤其重要。二次风所占比例、二次风速、流向及布置位置，对于降低不完全燃烧热损失，并稳定炉排上的燃烧层影响很大。二次风一般采用下倾角度，双相对冲布置，以利于形成射流的强烈扰动，加强迎火面的燃烧。

③ 生物质成型燃料燃烧技术　"生物质成型燃料"是以农林剩余物为主原料，经切片—粉碎—除杂—精粉—筛选—混合—软化—调质—挤压—烘干—冷却—质检—包装等工艺，最后制成成型环保燃料，热值高，燃烧充分。

图 3-4　生物质成型燃料

生物质成型燃料主要工艺技术是将秸秆、稻壳、木屑等农林废弃物经过粉碎后，其长度在 50mm 以下，含水率控制在 10%～25% 范围内，经上料输送机将物料送入进料口，通过主轴转动，带动压辊转动，并经过压辊的自转，物料被强制从模型孔中成块状挤出，压缩成截面尺寸为 30～40mm、长度 10～100mm 的可以直接燃烧的固体颗粒燃料（图 3-4），并从出料口落下，回凉后（含水率不能超过 14%）装袋包装。

(2) 生物质和煤的混合燃烧

生物质和煤混燃主要包括水分蒸发、前期生物质及挥发分的燃烧和后期煤的燃烧等。单一生物质燃烧主要集中在燃烧前期，单一煤燃烧主要集中在燃烧后期。在生物质与煤混烧的情况下，燃烧过程明显分成两个阶段。随着煤的混合比重加大，燃烧过程逐渐集中于燃烧后期。生物质的挥发分析出温度要远低于煤的挥发分析出温度，混燃对于煤燃烧前期的放热有增进作用，促使煤着火燃烧提前。随着生物质加入量的不同，煤的着火性能得到不同程度的改善。

混合燃烧对煤的燃尽性能影响很小，但是不同变质程度的煤（褐煤、烟煤和无烟煤）和生物质混燃时所表现出的燃烧特性变化不一。由于生物质的发热量低于煤，因此生物质与煤混燃时有可能造成锅炉输出功率的下降，因而掺烧比例受到限制。

① 生物质与煤直接混燃　根据混燃给料方式的不同，直接混燃分为以下几种方式：煤与生物质使用同一加料设备及燃烧器，生物质与煤在给煤机的上游混合后送入磨煤机，按混燃要求的速度分配至所有的粉煤燃烧器；生物质与煤使用不同的加料设备和相同的燃烧器，生物质经单独粉碎后输送至管路或燃烧器，该方案需要在锅炉系统中安装生物质燃料输送管道，容易使混燃系统的改造受限；生物质与煤使用不同的预处理装置与不同的燃烧器，该方案能够更好地控制生物质的燃烧过程，保持锅炉的燃烧效率，灵活调节生物质的掺混比例。

② 生物质与煤的间接混燃　根据混燃的原料不同，生物质和煤间接混合燃烧可以分为生物质气与煤混燃和生物质焦炭与煤混燃两种方式。生物质气与煤混燃方式指将生物质气化后产生的生物质燃气输送至锅炉燃烧。该方案将气化作为生物质燃料的一种前期处理方式，气化产物在 800～900℃ 时通过热烟气管道进入燃烧室，锅炉运行时存在一些风险。生物质

焦炭与煤混合燃烧方式是将生物质在 $300\sim400^\circ\text{C}$ 下热解，转化为高产率（$60\%\sim80\%$）的生物质焦炭，然后将生物质焦炭与煤共燃。上述两种方案虽然能够大量处理生物质，但是都需要单独的生物质预处理系统，投资成本相对较高。

3.2.4　生物质直接燃烧发电

生物质发电技术主要有直接燃烧发电、混合燃烧发电、热解气化发电和沼气发电四类。利用生物质直接燃烧发电技术建设大型直燃并网发电厂，单机容量达 $10\sim25\text{MW}$，可以将热效率提高到 90% 以上，规模大、效率高，同时环保效益突出。但是生物质发电技术还不成熟，锅炉效率偏低，运行优化还有待提高。

生物质直接燃烧发电技术是将生物质直接送往锅炉中燃烧，产生的高温、高压蒸汽推动蒸汽轮机做功，最后带动发电机产生清洁高效的电能。生物质燃烧发电的关键技术包括原料预处理技术、蒸汽锅炉的多种原料适用性、蒸汽锅炉的高效燃烧和蒸汽轮机的效率。

生物质直燃发电厂一般常见的单机装机容量为 12MW 或者 25MW，对应的锅炉蒸发量在 75t/h 和 130t/h 等级，其中炉排层燃技术较为成熟。国内目前确定的生物质发电项目，炉型基本上以丹麦水冷振动炉排、国内锅炉厂家开发的水冷整栋炉排炉为主。生物质锅炉燃烧设备与常规煤锅炉有较大的区别，它是由给料机、炉膛、水冷振动炉排、一二次风管、抛料机等设备组成。为了防止炉膛正压时出现回火现象，一般在给料机出口处安装有防火快速门，而且在全部给料系统内设有多处密封门、消防安全挡板和消防水喷淋设施。炉排多为振动炉排，振动炉排动作较小，活动时间短，设备的可靠性和自动化水平较高，维护量远远小于往复式炉排及链条式炉排。空气预热器与燃煤电厂不同，它是一个独立的系统。给水在送往省煤器之前，设置一条旁路流经空气预热器和烟气冷却器进行热交换。流经空气预热器时冷空气被给水加热，给水被冷却；流经烟气冷却器时给水被加热，烟气被冷却。其他系统和设备与同规模的常规燃煤电厂相似。另外，由于生物质中 N 和 S 元素含量较少，无需配备昂贵的脱硫装置。生物质发电系统工作过程如图 3-5 所示。

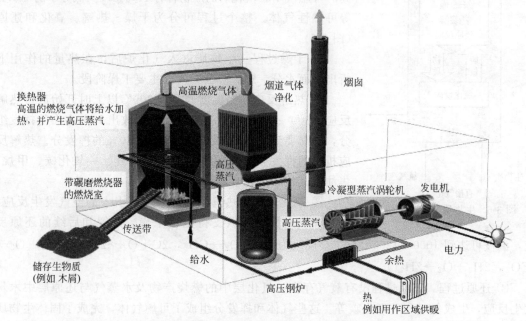

图 3-5　生物质燃烧发电装置

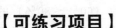

【可练习项目】

（1）生物质燃烧的机理是什么？

（2）查阅资料说明生物质直接燃烧发电的系统应用现状。

3.3 生物质气化

知识目标

① 了解生物质气化的定义与原理。

② 了解生物质气化工艺。

③ 了解生物质气化发电技术。

【知识描述】

3.3.1 生物质气化定义及原理

（1）定义

生物质气化是利用空气中的氧气或含氧物作气化剂，在高温条件下将生物质燃料中的可燃部分转化为可燃气（主要是氢气、一氧化碳和甲烷，称为生物质气体）的热化学反应。

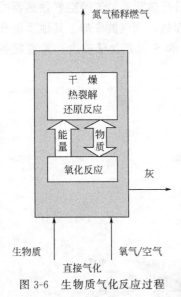

图 3-6　生物质气化反应过程

（2）原理

为了提供反应的热力学条件，气化过程需要供给空气或氧气，使原料发生部分燃烧，尽可能将能量保留在反应后得到的可燃气中，气化后的产物含有 H_2、CO 及低分子的 C_mH_n 等可燃性气体。整个过程可分为干燥、热解、氧化和还原（图 3-6）。

① 干燥过程　生物质进入气化炉后，在热量的作用下析出表面水分。$200 \sim 300℃$ 时为主要干燥阶段。

② 热解反应　当温度升高到 $300℃$ 以上时开始进行热解反应。$300 \sim 400℃$ 时，生物质可以释放出 70% 左右的挥发组分，而煤要到 $800℃$ 才能释放出大约 30% 的挥发分。热解反应析出的挥发分主要包括水蒸气、氢气、一氧化碳、甲烷、焦油及其他碳氢化合物。

③ 氧化反应　热解的剩余木炭与引入的空气发生反应，同时释放大量的热以支持生物干燥、热解和后续的还原反

应，温度可达到 $1000 \sim 1200℃$。主要反应为：$C+O_2 \rightarrow CO_2$，$2C+O_2 \rightarrow 2CO$，$2CO+O_2 \rightarrow 2CO_2$，$2H_2+O_2 \rightarrow 2H_2O$。

④ 还原过程　还原过程没有氧气存在，氧化层中的燃烧产物及水蒸气与还原层中木炭发生反应，生成氢气和一氧化碳等。这些气体和挥发分组成了可燃气体，完成了固体生物质向气体燃料的转化过程。

因为还原过程为吸热反应，温度降低到 $700 \sim 900℃$，所需的能量由氧化层提供，反应速度较慢，还原层的高度超过氧化层。主要反应为：$C + CO_2 \rightarrow 2CO$，$C + H_2O \rightarrow CO + H_2$，$C + 2H_2 \rightarrow CH_4$。

3.3.2　生物质气化工艺

生物质气化有多种形式，按照气化介质可以分为使用气化介质和不使用气化介质两种，前者可以细分为空气气化、氧气气化、水蒸气气化、氢气气化等，后者有热分解气化。不同气化技术所得到的热值不同，应用领域也有所不同。表 3-1 为不同气化工艺技术产生可燃气体的热值及其主要用途。

表 3-1　不同气化工艺技术的用途

气化技术	可燃气体热值(标准状态)/(kJ/m^3)	用　途
空气气化	$5440 \sim 7322$	锅炉、干燥、动力
氧气气化	$10878 \sim 18200$	区域管网、合成燃料
水蒸气气化	$10920 \sim 18900$	区域管网、合成燃料
氢气气化	$22260 \sim 26040$	工艺热源、管网
热分解气化	$10878 \sim 15000$	燃料与发电、制造汽油与酒精的原料

(1) 空气气化

生物质高温空气气化新技术是使用 $1000℃$ 以上的高温预热空气，在低过剩空气系数下发生不完全燃烧化学反应，获得热值较高的燃气。由于空气温度很高，无需使用纯氧气或富氧气体，反应便能迅速进行，并且气化效率也大大提高。主要反应为：

$$\left. \begin{array}{c} C \\ 烷烃 \end{array} \right\} + O_2 + N_2 \longrightarrow CO + H_2 + H_2O + CO_2 + N_2 + \Delta Q_1$$

空气气化的特点是：运行成本低；燃气热值低，通常在 $5MJ/m^3$ 左右；燃气中焦油含量高；存在原料结渣问题。

(2) 氧气气化

气化的介质是氧气。与空气气化相比，用氧气作为生物质的气化介质，由于气体不被 N_2 稀释，能产生中等热值的气体，热值可以达到 $2600 \sim 4350\ kcal/m^3$（$1cal = 4.18J$）。

(3) 水蒸气气化

水蒸气气化需由额外能量（电能或燃油/燃煤等）在高压锅炉内产生高温（大于 $700℃$）的水蒸气，高温的水蒸气在气化炉内与生物质混合后发生气化反应。

(4) 氢气气化

以氢气作为气化剂，主要反应是氢气与固定碳及水蒸气生成甲烷的过程，此反应可燃气的热值为 $22.3 \sim 26MJ/m^3$，属于高热值燃气。

3.3.3　生物质气化发电技术

(1) 生物质气化发电技术原理

生物质气化发电技术又称生物质发电系统，简单地说，就是将各种低热值固体生物质能源资源（如农林业废弃物、生活有机垃圾等），通过气化转换为生物质燃气，经净化、降温后进入燃气发电机组，推动其发电的技术。

气化发电工艺包括三个过程：

① 生物质气化，把固体生物质转化为气体燃料；

② 气体净化，气化出来的燃气都带有一定的杂质，包括灰分、焦炭和焦油等，需经过净化系统把杂质除去，以保证燃气发电设备的正常运行；

③ 燃气发电，利用燃气轮机或燃气内燃机进行发电，有的工艺为了提高发电效率，发电过程可以增加余热锅炉和蒸汽轮机。

生物质气化发电工艺如图 3-7 所示。

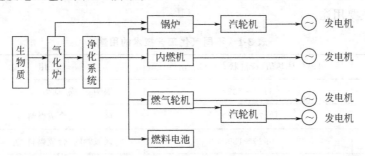

图 3-7　生物质气化发电工艺示意图

（2）生物质气化发电技术

生物质气化发电可通过三种途径实现：生物质气化产生燃气作为燃料直接进入燃气锅炉生产蒸汽，再驱动蒸汽轮机发电；也可将净化后的燃气送给燃气轮机燃烧发电；还可以将净化后的燃气送入内燃机直接发电。在发电和投资规模上，它们分别对应于大规模、中等规模和小规模的发电。在商业上最为成功的生物质气化内燃发电技术，由于具有装机容量小、结构紧凑、运行费用低廉、操作维护简单和对燃气质量要求较低等特点，而得到广泛的推广与应用。图 3-8 给出了一种生物质气化发电系统简图。

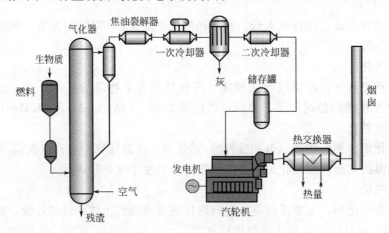

图 3-8　一种生物质气化发电工艺系统简图

生物质气化内燃发电系统主要由气化炉、燃气净化系统和内燃发电机等组成。气化炉是将生物质能由固态转化为燃气的装置。生物质在气化炉内通过控制空气供应量进行不完全燃烧，实现低值生物质能由固体向气态的转化，生成包含氢气（H_2）、一氧化碳（CO）、甲烷（CH_4）、多碳烃（C_nH_m）等可燃成分的燃气，完成生物质的气化过程。气化产生的燃气出

口温度随气化炉型式的不同，在 350～650℃
之间，并且燃气中含有未完全裂解的焦油及灰
尘等杂质，为满足内燃机长期可靠工作的要
求，需要对燃气进行冷却和净化处理，使燃气
温度降到 40℃ 以下，焦油灰尘含量控制在
50mg/m³（标准状况）以内，燃气经过净化
进入内燃机发电。在内燃机中，燃气混合空气
燃烧做功，驱动主轴高速转动，主轴再带动发
电机进行发电。图 3-9 为生物质气化发电
机组。

图 3-9　生物质气化发电机组

　　传统的生物质整体气化联合循环发电
(BIGCC) 技术包括生物质气化、气体净化、燃气轮机发电及蒸汽轮机发电。由于生物质燃
气热值低（约 5021kJ/m³），炉子出口气体温度较高（800℃ 以上），要使 BIGCC 具有较高的
效率，必须具备两个条件：一是燃气进入燃气轮机之前不能降温；二是燃气必须是高压的。
这就要求系统必须采用生物质高压气化和燃气高温净化两种技术才能使 BIGCC 的总体效率
较高（40%），否则，如果采用一般的常压气化和燃气降温净化，由于气化效率和带压缩的
燃气轮机效率都较低，气体发电的整体效率一般都低于 35%。从纯技术的角度看，BIGCC
技术可以大大地提高生物质气化发电的总效率。

【可练习项目】

　　(1) 举例说明一款生物质气化发电系统的结构与工艺流程。
　　(2) 查阅资料说明生物气化技术的应用领域有哪些？

3.4　生物质热解

知识目标

　　① 了解生物质热解的定义。
　　② 了解生物质热解的原理。
　　③ 了解生物质热解工艺。
　　④ 了解生物质热解反应器的类型。
　　⑤ 了解生物质热解的产物及用途。

【知识描述】

3.4.1　生物质热解定义

　　生物质热裂解（又称热解或裂解），通常是指在无氧或低氧环境下，生物质被加热升温
引起分子分解，产生焦炭、可冷凝液体和气体产物的过程。
　　根据反应温度和加热速度的不同，生物质热解工艺可分为慢速、常规、快速或闪速集

中。慢速裂解工艺具有几千年的历史，是一种以生成木炭为目的的炭化过程，低温和长期的慢速裂解可以得到30%的焦炭产量；低于600℃的中等温度及中等反应速率（0.1～1℃/s）的常规热裂解，可制成相同比例的气体、液体和固体产品；快速热裂解大致在10～200℃/s的升温速率，小于5s的气体停留时间；闪速热裂解相比于快速热裂解的反应条件更为严格，气体停留时间通常小于1s，升温速率要求大于103℃/s，并以102～103℃/s的冷却速率对产物进行快速冷却。

生物质快速热解过程中，生物质原料在缺氧的条件下，被快速加热到较高反应温度，从而引发了大分子的分解，产生了小分子气体和可凝性挥发分以及少量焦炭产物。可凝性挥发分被快速冷却成可流动的液体，称之为生物油或焦油。生物油为深棕色或深黑色，并具有刺激性的焦味。通过快速或闪速热裂解方式制得的生物油具有下列共同的物理特征：高密度（约1200kg/m³）；酸性（pH值为2.8～3.8）；高水分含量（15%～30%）以及较低的发热量（14～18.5MJ/kg）。

3.4.2　生物质热解的原理

生物质热解过程中，会发生系列化学变化和物理变化。从反应进程看，生物质热解过程大致可以分为三个阶段。

（1）热预解阶段

温度上升至120～200℃时，即使加热很长时间，原料重量也只有少量减少，主要是H_2O和CO受热释放所致，外观无明显变化，但物质内部结构发生重排反应，如脱水、断键、自由基出现以及碳基、羟基生成和过氧化氢基团形成等。

（2）固体分解阶段

温度为300～600℃，各种复杂的物理、化学反应在此阶段发生。木材中的纤维素、木质素和半纤维素在本过程先通过解聚作用分解成单体或单体衍生物，然后通过各种自由基反应和重排反应，进一步降解成各种产物。

（3）焦炭分解阶段

焦炭中的C—H、C—O键进一步断裂，焦炭重量以缓慢的速率下降并趋于稳定，导致残留固体中碳素的富集。

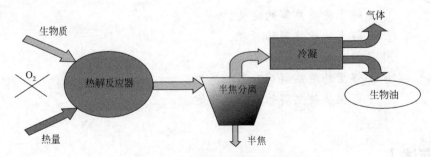

图 3-10　生物质热解反应流程示意

3.4.3　生物质热解工艺

生物质热解的一般工艺过程由物料的干燥、粉碎、热解、产物炭和灰的分离、气态生物油的冷却和生物油的收集等几个部分组成。图 3-10 和图 3-11 分别显示了生物质热解的基本工艺流程。

（1）原料干燥和粉碎

生物油中的水分会影响油的稳定性、黏度、pH 值、腐蚀性以及一些其他特性。天然的生物质原料中含有较多的自由水，相比从生物油中去除水分，反应前物料的干燥要容易得多。因而在一般的热解工艺中，为了避免将自由水带入产物，物料要求干燥到水分含量低于10％。快速热解制油工艺要求高的传热速率，除了从反应器的传热方面入手，原料尺寸也是重要的影响因素，通常对原料需要进行粉碎处理。不过随着原料的尺寸变得越小，整个系统的运行成本也会相应提高。

（2）热裂解反应器

反应器是热解的主要装置，反应器类型的选择和加热方式是各种技术路线的关键环节。适合于快速热解的反应器形式是多种多样的，但所有热解制油实用性较强的反应器具备了共同的基本特点：加热速率快，反应温度中等和气相停留时间短。

（3）焦炭和灰的分离

在生物质热解制油工艺中，一些细小的焦炭颗粒不可避免地进入到生物油液体当中。研究表明，液体产物中的焦炭会导致生物油的不稳定，加快聚合过程，使生物油的黏度增大，从而影响生物油的品质。同时，生物质中几乎所有的灰分都保留在焦炭当中。灰分是影响生物质热解液体产物收率的重要因素，所以分离焦炭也会影响分离灰分。分离焦炭除了采用热蒸汽过滤外，还可以通过液体过滤装置（滤筒或过滤器等）来完成。后者仍处于研究开发阶段。焦炭的分离比较困难，但是对所有的系统都是必不可少的。

（4）液体生物油的收集

液体的收集是整个热解过程中最困难的部分，目前几乎所有的收集装置都不能很有效地收集。这是因为裂解气产物中挥发分在冷却过程中与非冷凝性气体形成了烟雾状的气溶胶形态，是一种由蒸汽、微米级的小颗粒、带有极性分子的水蒸气分子组成的混合物，这种结构给液体的收集带来困难。在较大规模的反应系统中，采用与冷液体接触的方式进行冷凝收集，通常可以收集到大部分的液体产物，但进一步的收集需要依靠静电捕捉等对处理微小颗粒比较有效的技术了。

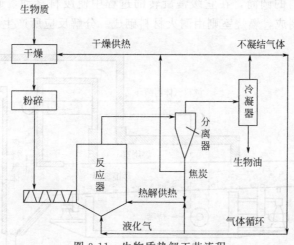

图 3-11　生物质热解工艺流程

3.4.4　生物质热解反应器

生物质热解制油反应器按照生物质的受热方式分为三类。

（1）机械接触式反应器

这类反应器的共同点是通过灼热的反应器表面直接或间接与生物质接触，将热量传递到生物质，使其高速升温达到快速热解，其采用的热量传递方式主要为热传导，辐射是次要的，对流传热则不起主要作用。常见的有烧蚀热解反应器、丝网热解反应器、旋转锥反应器（图 3-12）等。

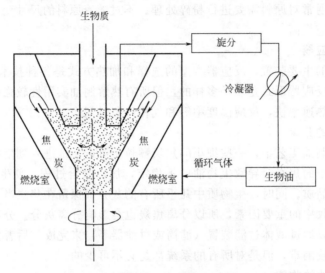

图 3-12　Tewne 旋转锥反应器

（2）间接式反应器

这类反应器的主要特征是由一些高温的表面或热源提供生物质热解所需的热量，其主要通过热辐射进行热量传递，对流传热和热传导则居于次要地位。常见的热天平归属此类反应器。

旋转窑是一种间接加热的高温分解反应器。图 3-13 给出了回转窑反应器结构图。其主要设备是一个稍微倾斜的圆筒，在它缓慢旋转的过程中使废料移动，通过蒸馏容器到卸料口。蒸馏容器由金属制成，燃烧室则由耐火材料砌成。分解反应所产生的气体一部分在蒸馏

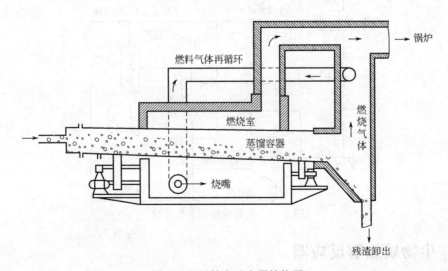

图 3-13　回转窑反应器结构图

器外壁与燃烧室内壁之间的空间燃烧，这部分热量用来加热废料。此类装置要求废物必须破碎较细，尺寸一般要小于 5cm，以保证反应进行完全。

（3）混合式反应器

其主要是借助热气或气固多相流对生物质进行快速加热，其主要热量传递方式是对流换热，但热辐射和热传导有时也不可忽略。常见的有流化床反应器（图 3-14）、快速引射床反应器、循环流化床反应器等。

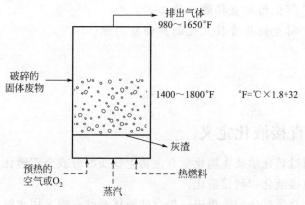

图 3-14　流化床热解反应器原理

目前进行的生物质热解制油技术研究中，针对第一类和第三类反应器的工作开展得相对较多，并取得了一定的进展，这些反应器的成本较低且宜大型化，从而能在工业上投入实际应用。

3.4.5　生物质热解的产物

不同生物质热解工艺的热解产物如表 3-2 所示。

表 3-2　不同生物质热解工艺的热解产物

工艺	停留时间	加热速率	温度/℃	主要产物
炭化	几小时～几天	极低	300～500	焦炭
加压炭化	15min～2h	中速	450	焦炭
常规热解	几小时	低速	400～600	焦炭、液体和气体
	5～30min	中速	700～900	焦炭和气体
真空热解	2～30s	中速	350～450	液体
快速热解	0.1～2s	高速	400～650	液体
	小于 1s	高速	650～900	液体和气体
	小于 1s	极高	1000～3000	气体

生物质快速热解产物主要是液体生物油，其中仅有少量的气体和固体产物。气体包括 CO、CO_2、H_2、CH_4 及部分小分子质量的烃，可在生产过程中回收循环利用。固体主要是炭及少量灰分，炭可燃烧作为热解用的热源，也可加工成活性炭等。

【可练习项目】

（1）生物质热解反应器的主要功能是什么？有哪些类型？

（2）查阅资料，说明生物质热解产物的应用领域。

3.5 生物质直接液化

知识目标

① 了解生物质直接液化的定义。
② 了解生物质直接液化的工艺。
③ 了解生物质直接液化的产物及用途。

【知识描述】

3.5.1 生物质直接液化定义

生物质液化是通过热化学或生物化学方法将生物质部分或全部转化为液体燃料。液化技术主要有两类，即直接液化和间接液化。

间接液化是把生物质气化后，再进一步合成液体产品；或采用水解法把生物质中的纤维素、半纤维素转化为多糖，然后再用生物技术发酵成乙醇。

生物质直接液化也称为生物质热解液化，是将生物质在适当的压力和温度下，并且有一定的溶剂和催化剂为介质，将生物质转化为少量气体、大量液体产品和少量固体残渣的过程。直接液化根据液化时使用压力的不同，又可以分为生物质高压直接液化和低压（常压）直接液化。

生物质直接液化技术的关键是生物质的升温速度要高达 $103 \sim 104℃/s$，以及相应的超短接触时间反应、快速反应终止技术等可控的裂解条件。这个超短接触时间约为 $0.1 \sim 0.5s$。在 $600℃$ 左右断裂生物质中的大分子键，将分子量为几十万到数百万的生物质直接裂解为分子量从几十到 1000 左右的小分子液体产物。产物的组成中 99.7% 以上为碳、氢、氧，还有数百种的多环化合物，基本不含硫及灰分等对环境有污染的物质。所得液态产物的黏度较小，在 $40℃$ 下为 $40mPa·s$，具有很好的流动性，在不与空气接触的条件下可稳定地存放数星期。液态产物中氧质量分数可达 20%～30%，可溶于水、丙酮等极性溶剂，但不溶于矿物油，深度加工后可直接作为内燃机的工作燃料。

3.5.2 生物质直接液化工艺

生物质液化的实质是将固态的大分子有机聚合物转化为液态的小分子有机物质。过程可以分为三个阶段：首先，破坏生物质的宏观结构，分解为大分子化合物；然后，大分子链状有机物解聚，反应介质溶解之；最后，在高温高压作用下经水解或溶剂溶解获得液态小分子有机物。图 3-15 和图 3-16 分别给出了生物质液化的工艺流程图和液化系统。

3.5.3 生物质直接液化的产物

生物质液化有气、液、固三种产物。气体主要由 H_2、CO、CO_2、CH_4 及 $C_2 \sim C_4$ 烃组成，可作为燃料气。固体主要是焦炭，可作为固体燃料使用。作为主要产品的液体产物被称为生物油（图 3-17），有较强的酸性，组成复杂，以碳、氢、氧元素为主，成分多达几百种。

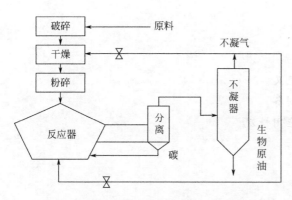

图 3-15 生物质快速液化转换新工艺流程

图 3-16 生物质移动液化系统

(a) 螺旋藻   (b) 小球藻

(c) 城市生活污泥   (d) 猪粪

图 3-17 生物质原料与热化学直接液化产物

从组成上看，生物油是水、焦及含氧有机化合物等组成的一种不稳定混合物，包括有机酸、醛、酯、缩醛、半缩醛、醇、烯烃、芳烃、酚类、蛋白质、含硫化合物等。

生物质转化为液体后，能量密度大大提高，可直接作为燃料用于内燃机，热效率是直接燃烧的 4 倍以上。但由于生物油含氧量高（质量分数约 35％），稳定性比化石燃料差，而且腐蚀性较强，限制了其作为燃料使用。虽然通过加氢精制可以除去 O，并调整 C、H 比例，得到汽油及柴油，但此过程将产生大量的水，而且因裂解油成分复杂，杂质含量高，容易造成催化剂失活，成本较高，降低了生物质裂解油与化石燃料的竞争力。

【可练习项目】

（1）生物质直接液化技术的分类有哪些？

（2）查阅资料，说明生物质直接液化的产物如何应用。

3.6　生物燃料乙醇

知识目标

① 了解生物燃料乙醇的定义。
② 了解生物燃料乙醇的制备。
③ 了解生物燃料乙醇的应用情况。

【知识描述】

3.6.1　生物燃料乙醇定义

燃料乙醇，一般是指体积浓度达到 99.5% 以上的无水乙醇。燃料乙醇是燃烧清洁的高辛烷值燃料，是可再生能源。乙醇不仅是优良的燃料，还是优良的燃油品改善剂。

生物乙醇是指通过微生物的发酵将各种生物质转化为可作为燃料用的乙醇。燃料乙醇经变性后与汽油按一定比例混合，可制车用乙醇汽油。

3.6.2　生物燃料乙醇的制备

燃料乙醇生产技术主要有第一代和第二代两种。第一代燃料乙醇技术是以糖质和淀粉质作物为原料生产乙醇。其工艺流程一般分为 5 个阶段，即液化、糖化、发酵、蒸馏、脱水。第二代燃料乙醇技术是以木质纤维素质为原料生产乙醇。首先要进行预处理，即脱去木质素，增加原料的疏松性以增加各种酶与纤维素的接触，提高酶效率；待原料分解为可发酵糖类后，再进入发酵、蒸馏和脱水。

（1）发酵法

发酵法采用各种含糖（双糖）、淀粉（多糖）、纤维素（多缩己糖）的农产品，农林业副产物及野生植物为原料，经过水解（即糖化）、发酵，使双糖、多糖转化为单糖，并进一步转化为乙醇。淀粉质在微生物作用下，水解为葡萄糖，再进一步发酵生成乙醇。发酵法制酒精生产过程包括原料预处理、蒸煮、糖化、发酵、蒸馏、废醪处理等。图 3-18 给出了淀粉质原料制备生物乙醇工艺流程。

成熟的发酵醪内，乙醇质量分数一般为 8%～10%。由于原料不同，水解产物中乙醇含量高低相异，如谷物发酵醪液中乙醇的质量分数不高于 12%。纤维素可用酶或酸水解，如亚硫酸法造纸浆水解液中仅含乙醇约 1.5%。除含乙醇和大量水外，还有固体物质和许多杂质，需通过蒸馏把发酵醪液中的乙醇蒸出，得到高浓度乙醇，同时副产杂醇油及大量酒糟。

（2）脱水技术

脱水技术是燃料乙醇生产关键技术之一。从普通蒸馏工段出来的乙醇，其最高质量浓度只能达到 95%，要进一步地浓缩，继续用普通蒸馏的方法是无法完成的，因为此时酒精和水形成了恒沸物（对应的恒沸温度为 78.15℃），难以用普通蒸馏的方法分离开来。为了提高乙醇浓度，去除多余的水分，就需采用特殊的脱水方法。

制备燃料乙醇的方法主要有化学反应脱水法、恒沸精馏、萃取精馏、吸附、膜分离、真

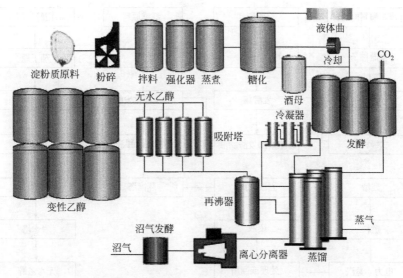

图 3-18　淀粉质原料制备生物乙醇工艺流程

空蒸馏法、离子交换树脂法等。

(3) 纤维素制备生物燃料乙醇

二代生物乙醇技术主要利用秸秆、农产品加工废弃物等包含纤维素、半纤维素的生物质作原料，并开辟利用城市生活垃圾、木薯秸秆、甘蔗渣的有纤维素原材料生产燃料乙醇的新技术，具有较为广阔的发展前景。

纤维素原料生产乙醇的工艺如图 3-19 所示，包括预处理、水解糖化、乙醇发酵、分离提取等。

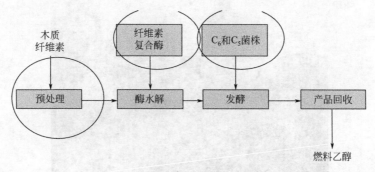

图 3-19　纤维素乙醇开发关键技术

原料预处理包括物理法、化学法、生物法等，其目的是破坏木质纤维素原料的网状结构，脱除木质素，释放纤维素和半纤维素，以利于后续的水解糖化过程。纤维素的糖化有酸法糖化和酶法糖化。其中酸法糖化包括浓酸水解法和稀酸水解法，浓硫酸糖化率高，但需回收利用，并且存在对水解反应器的腐蚀问题。纤维素发酵生产乙醇有直接发酵法、间接发酵法、混合菌种发酵法、SSF 法（连续糖化发酵法）、固定化细胞发酵法等。

图 3-20 显示了典型的纤维素酒精生产技术的工艺流程。

3.6.3　生物燃料乙醇的应用

世界酒精的 66％用于燃料，14％用于食用，11％用于工业溶剂，9％用于其他化学工

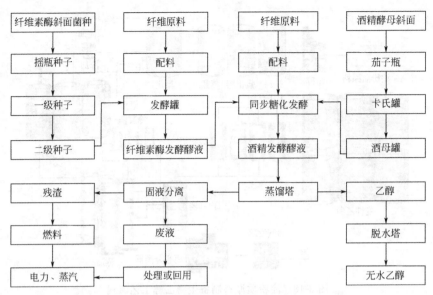

图 3-20　纤维素酒精生产技术的工艺流程

业。早在 1989 年，巴西以甘蔗、糖蜜、木薯、玉米为原料，年产发酵酒精 12Mt 以上，几乎全部用来代替汽油，大部分采用第二种方式作为汽车的燃料。巴西的乙醇产品中普通乙醇占 2/3，无水乙醇占 1/3，是世界上最大的燃料乙醇生产和消费国，也是唯一不使用纯汽油作为汽车燃料的国家。图 3-21 为巴西生物质酒精加工厂。

图 3-21　巴西生物质酒精加工厂

中国发展非粮乙醇的可行之路，在于发展用甜高粱、甘薯、木薯等原料来替代粮食。国内有企业已经实现了用纤维原料生产乙醇，但吨成本比粮食法要高 1000 多元。

未来乙醇作为基础产业的市场方向将主要体现在三个方面。

① 车用燃料，主要是乙醇汽油和乙醇柴油。就是传统所说的燃料乙醇市场，也是 10 年内容量相对于以后较小的市场（在中国约 1000 万吨/年）。美国政府制定了一个大力发展燃料乙醇的计划，计划将汽油中（不包括柴油）的燃料乙醇用量由每年 15 亿加仑（约 450 万吨）至少提高到 44 亿加仑（约 1360 万吨）。

② 作为燃料电池的燃料。在低温燃料电池，诸如手机、笔记本电脑以及新一代燃料电池汽车等可移动电源领域，具有非常广阔的应用前景，这是乙醇的中期市场（10～20 年

内）。乙醇现已被确定为安全、方便、较为实用的理想的燃料电池燃料。乙醇将拥有新型电池燃料 30%～40% 的市场。市场容量至少是目前市场的 5 倍以上（主要是纤维原料乙醇）。

③ 乙醇将成为支撑现代以乙烯为原料的石化工业的基础原料。在未来 20 年左右的时间内，由于石油资源的日趋紧张，再加上纤维质原料乙醇生产的大规模工业化，成本相对于石油原料已具可竞争性，乙醇将顺理成章地进入石化基础原料领域。在中国的市场容量至少在 2000 万吨/年以上。乙醇生产乙烯的技术是成熟的，随着石油资源的日趋短缺和价格的上涨，乙醇将会逐步进入乙烯原料市场。

【可练习项目】

（1）生物质燃料乙醇的制备工艺有哪些？
（2）查阅资料，生物质燃料乙醇如何应用于燃料？

3.7 生物柴油

① 了解生物柴油的定义。
② 了解生物柴油的制备技术。
③ 了解生物柴油制备的工艺流程。
④ 了解生物柴油的应用现状。

【知识描述】

3.7.1 生物柴油定义

生物柴油是生物质能的一种，其在物理性质上与石化柴油接近，但化学组成不同。生物柴油是指由动植物油脂（脂肪酸甘油三酯）与醇（甲醇或乙醇）经酯交换反应得到的脂肪酸单烷基酯，最典型的是脂肪酸甲酯，是一种洁净的生物燃料，也称之为"再生燃油"。与传统的石化能源相比，其硫及芳烃含量低，闪点高，十六烷值高，具有良好的润滑性，可部分添加到化石柴油中。

生物柴油（Biodiesel）提炼自动植物油，是指以油料作物，如大豆、油菜、棉、棕榈等，野生油料植物和工程微藻等水生植物油脂以及动物油脂、餐饮垃圾油等为原料油，通过酯交换或热化学工艺制成的可代替石化柴油的再生性柴油燃料。

欧盟生物柴油 80% 的原料为双低菜籽油（低硫甙、低芥酸）。美国、巴西主要是大豆，我国主要是以木本油料、废弃油脂和微藻油脂为原料。

3.7.2 生物柴油的制备技术

工业上生产生物柴油的主要方法是酯交换法。在酯交换反应中，油料主要成分三甘油酯与各种短链醇在催化剂作用下发生酯交换反应，得到脂肪酸甲酯和甘油。可用于酯交换的醇包括甲醇、乙醇、丙醇、丁醇和戊醇。酯交换反应是可逆反应，过量的醇可使平衡向生成物的方向移动，所以醇的实际用量远大于其化学计量比。反应所使用的催化剂有碱、酸或酶催化剂等，可加快反应速率以提高产率。酯交换反应是由一系列串联反应组成，三甘油酯分步转变为二甘油酯、单甘油酯，最后转变成甘油，每一步反应均产生一个酯。酯交换法包括酸催化、碱催化、生物酶催化和超临界酯交换法等。

（1）酸催化法

酸催化法用到的催化剂为酸性催化剂，主要有硫酸、盐酸和磷酸等。在酸催化法条件下，游离脂肪酸会发生酯化反应，且酯化反应速率远快于酯交换速率，因此该法适用于游离脂肪酸和水分含量高的油脂制备生物柴油，其产率高，但反应温度和压力高，甲醇用量大，反应速度慢，反应设备需要不锈钢材料。工业上酸催化法受到的关注程度远小于碱催化法。

（2）碱催化法

碱催化法采用的催化剂为碱性催化剂，一般为 NaOH、KOH 以及有机胺等。在无水情况下，碱性催化剂酯交换活性通常比酸性催化剂高。传统的生产过程是采用在甲醇中溶解碱金属氢氧化物作为均相催化剂，它们的催化活性与其碱度相关。碱金属氢氧化物中，KOH 比 NaOH 具有更高的活性。用 KOH 作催化剂进行酯交换反应典型的条件是：甲醇用量 5%～21%，KOH 用量 0.1%～1%，反应温度 25～60℃，而用 NaOH 作催化剂，通常要在 60℃下反应才能得到相应的反应速率。碱催化法可在低温下获得较高产率，但它对原料中游离脂肪酸和水含量却有较高要求。在反应过程中，游离脂肪酸会与碱发生皂化反应，产生乳化现象，所含水分则能引起酯水解，进而发生皂化反应，同时它也能减弱催化剂活性，结果会使甘油相和甲酯相变得难以分离，从而使反应后处理过程变得繁杂。因此，以 KOH、NaOH、甲醇钾等为碱催化剂时，常常要求油料酸价<1，水分<0.06%。然而几乎所有油料通常都含有较高量脂肪酸和水分，为此工业上一般要对原料进行脱水、脱酸处理，或预酯化处理，即经脱水，然后分别以酸和碱催化剂分两步完成反应，显然，工艺复杂性增加了成本和能量消耗。除了通常使用的无机碱作催化剂外，也有使用有机碱作催化剂的报道，常用的有机碱催化剂有有机胺类和胍类化合物。

传统酸碱催化法制备生物柴油时，油料转化率高，可以达到 99% 以上，但酸碱催化剂不容易与产物分离，产物中存在的酸碱催化剂必须进行中和和水洗，会产生大量污水，酸碱催化剂不能重复使用，带来较高的催化剂成本。同时，酸碱催化剂对设备有较强的腐蚀性。为解决产物与催化剂分离问题，固体酸、碱催化剂是近年来的重要研究方向。用于生物柴油生产的固体催化剂主要有树脂、黏土、分子筛、复合氧化物、硫酸盐、碳酸盐等。固体碱土金属是很好的催化剂体系，在醇中的溶解度较低，同时又具有相当的碱度。

典型的 Lurgi 生物柴油生产工艺如图 3-22 所示，二段酯交换，二段甘油相回炼。

（3）酶催化法

近年来，人们开始关注酶催化法制备生物柴油技术，即用脂肪酶催化动植物油脂与低碳醇间的酯化反应，生成相应的脂肪酸酯。脂肪酶来源广泛，具有选择性、底物与功能团专一性，在非水相中能发生催化水解、酯合成、转酯化等多种反应，且反应条件温和，无需辅助因子，利用脂肪酶还能进一步合成其他一些高价值的产品，包括可生物降解的润滑剂以及用于燃料和润滑剂的添加剂，这些优点使脂肪酶成为生物柴油生产中一种适宜催化剂。用于合成生物柴油的脂肪酶主要是酵母脂肪酶、根霉脂肪酶、毛霉脂肪酶、猪胰脂肪酶等。酶法合成生物柴油的工艺，包括间歇式酶催化酯交换和连续式酶催化酯交换。

在生物柴油的生产中直接使用脂肪酶催化也存在着一些问题。脂肪酶在有机溶剂中易聚

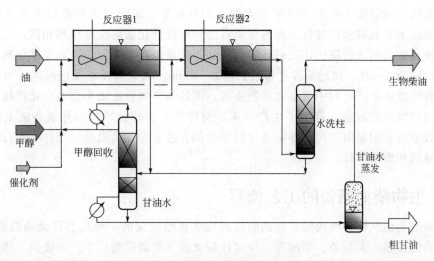

图 3-22 Lurgi 生物柴油生产工艺

集,因而催化效率较低。目前,脂肪酶对短链脂肪醇的转化率较低,不如对长链脂肪醇的酯化或转酯化有效,而且短链醇对酶有一定的毒性,使酶的使用寿命缩短。脂肪酶的价格昂贵,生产成本较高,限制了其在工业规模生产生物柴油中的应用。为解决上述问题,可采用两种方法:一是采用脂肪酶固定化技术,以提高脂肪酶的稳定性并使其能重复利用;二是将整个能产生脂肪酶的细胞作为生物催化剂。

(4) 超临界酯交换法

超临界酯交换法是近年来才发展起来的制备生物柴油方法 (图 3-23),在超临界流体参与下进行酯交换反应。在反应中,超临界流体既可作为反应介质,也可直接参加反应。超临界效应能影响反应混合物在超临界流体中的溶解度、传质和反应动力学,从而提供了一种控制产率、选择性和反应产物回收的方法。若把超临界流体用作反应介质时,它的物理化学性质,如密度、黏度、扩散系数、介电常数以及化学平衡和反应速率常数等,常能用改变操作条件而得以调节。充分运用超临界流体的特点,常使传统的气相或液相反应转变成一种全新的化学过程,从而大大提高其效率。超临界酯交换法合成生物柴油反应在间歇反应器中进行,温度为 $350 \sim 400 ℃$,压力为 $45 \sim 65 MPa$,菜籽油与甲醇摩尔比为 $1 : 42$。

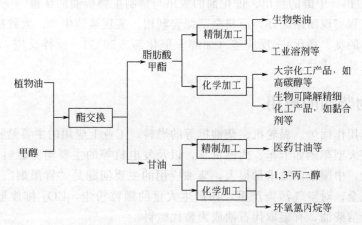

图 3-23 酯交换法制备生物柴油及附加产物

研究发现，经超临界处理的甲醇在无催化剂存在下，能很好地与菜籽油发生酯交换反应，其产率高于普通碱催化过程。超临界制备法和传统催化法的反应机理相同，传统方法是在低温下使用催化剂进行催化，而超临界制备法是在高温高压下反应，无需催化剂。传统方法的反应时间为 1～8h，而超临界制备法只需 2～4min，大大缩短了反应时间，可以进行连续操作。传统方法生产过程中有皂化产物生成，而超临界制备法则不会有皂化产物，从而简化了产品的后续处理过程，降低了生产成本。与传统方法相比，超临界制备法工艺流程简单，产品收率高。但是由于超临界制备生物柴油的方法需要在高温高压条件下进行，导致较高的生产费用和能量消耗。

3.7.3　生物柴油制备的工艺流程

生物柴油是由从植物油或动物脂的脂肪酸烷基单酯组成的一种可替代柴油燃料。目前，大多数生物柴油是由大豆、甲醇和一种碱性催化剂（胆碱酯酶）生产而成的。然而还有大多数不易被人体消化的廉价油脂能够转化为生物柴油。

① 物理精炼　首先将油脂水化或磷酸处理，除去其中的磷脂、胶质等物质，再将油脂预热、脱水、脱气进入脱酸塔，维持残压，通入过量蒸汽，在蒸汽温度下，游离酸与蒸汽共同蒸出，经冷凝析出，除去游离脂肪酸以外的净损失，油脂中的游离酸可降到极低量，色素也能被分解，使颜色变浅。各种废动植物油在自主研发的 DYD 催化剂作用下，采用酯化、醇解同时反应工艺生成粗脂肪酸甲酯。

② 甲醇预酯化　首先将油脂水化脱胶，用离心机除去磷脂和胶等水化时形成的絮状物，然后将油脂脱水。原料油脂加入过量甲醇，在酸性催化剂存在下进行预酯化，使游离酸转变成甲酯。蒸出甲醇水，经分馏后，无游离酸的分出 C_{12}～C_{16} 棕榈酸甲酯和 C_{18} 油酸甲酯。

③ 酯交换反应　经预处理的油脂与甲醇一起，加入少量 NaOH 作催化剂，在一定温度与常压下进行酯交换反应，即能生成甲酯。采用二步反应，通过一个特殊设计的分离器，连续地除去初反应中生成的甘油，使酯交换反应继续进行。

④ 重力沉淀、水洗与分层。

⑤ 甘油的分离与粗制甲酯的获得。

⑥ 水分的脱出、甲醇的释出、催化剂的脱出与精制生物柴油的获得。

整个工艺流程实现闭路循环，原料全部综合利用，实现清洁生产。大致描述如下：原料预处理（脱水、脱臭、净化)—反应釜（加醇＋催化剂＋70℃)—搅拌反应 1h—沉淀分离排杂—回收醇—过滤—成品。

3.7.4　生物柴油的应用

生物柴油可用作锅炉、涡轮机、柴油机等的燃料，工业上应用的主要是脂肪酸甲酯。

柴油是许多大型车辆如卡车、内燃机车，以及发电机等的主要动力燃料，具有动力大、价格便宜的优点。中国柴油需求量很大，柴油应用的主要问题是"冒黑烟"。冒黑烟的主要原因是燃烧不完全，对空气污染严重，如产生大量的颗粒粉尘，CO_2 排放量高等。生物柴油是一种优质清洁柴油，有望取代石油成为替代燃料。

世界各国尤其是发达国家，都在致力于开发高效、无污染的生物质能利用技术。近年来，受原油价格、环保压力的影响，生物柴油产业受到广泛重视。2011 年世界生物柴油总产量约 2050 万吨，其中欧盟占 51%，南美地区（巴西为主）占 24%，亚洲 13%，中北美为 11%，其他地区 1%。

我国主要是以木本油料、废弃油脂和微藻油脂为原料。目前，国家已在四川、贵州、海南启动小油桐生物柴油产业化示范项目，在内蒙古支持了微藻固碳生物能源示范项目。目前，汽车柴油化已成为汽车工业的一个发展方向，柴油的供应量严重不足，为油菜制造生物柴油提供了广阔的发展空间。

【可练习项目】

（1）生物柴油的制备工艺有哪些？

（2）查阅资料说明生物柴油在我国的利用现状如何？

3.8 沼气技术

知识目标

① 了解沼气的成分与性质。

② 了解沼气发酵原理。

③ 了解沼气的类型。

④ 了解沼气的主要用途。

【知识描述】

3.8.1 沼气的成分和性质

（1）沼气的定义

沼气是有机物质在厌氧环境中，在一定的温度、湿度、酸碱度的条件下，通过微生物发酵作用产生的一种可燃气体。由于这种气体最初是在沼泽、湖泊、池塘中发现的，所以人们叫它沼气。

（2）沼气的成分

沼气是一种混合气体，它的主要成分是甲烷，其次有二氧化碳、硫化氢（H_2S）、氮及其他一些成分。沼气的组成中，可燃成分包括甲烷、硫化氢、一氧化碳和重烃等气体；不可燃成分包括二氧化碳、氮和氨等气体。在沼气成分中甲烷含量为 55%～70%，二氧化碳含量为 28%～44%，硫化氢平均含量为 0.034%。

（3）沼气的性质

沼气是一种无色、有味、有毒、有臭的气体，它的主要成分甲烷在常温下是一种无色、无味、无臭、无毒的气体。甲烷是简单的有机化合物，是优质的气体燃料，燃烧时呈蓝色火焰，最高温度可达 1400 ℃左右。纯甲烷每立方米发热量为 36.8kJ。沼气每立方米的发热量约 23.4kJ，相当于 0.55kg 柴油或 0.8kg 煤炭充分燃烧后放出的热量。从热效率分析，每立方米沼气所能利用的热量，相当于燃烧 3.03kg 煤所能利用的热量。

3.8.2 沼气发酵原理

沼气为细菌分解有机物，产生沼气的过程，叫沼气发酵。

根据沼气发酵过程中各类细菌的作用，沼气细菌可以分为两大类。第一类细菌叫做分解菌，它的作用是将复杂的有机物分解成简单的有机物和二氧化碳（CO_2）等。它们当中有专门分解纤维素的，叫纤维分解菌；有专门分解蛋白质的，叫蛋白分解菌；有专门分解脂肪的，叫脂肪分解菌。第二类细菌叫含甲烷细菌，通常叫甲烷菌，它的作用是把简单的有机物及二氧化碳氧化或还原成甲烷。因此，有机物变成沼气的过程，就好比工厂里生产一种产品的两道工序：首先是分解细菌，将粪便、秸秆、杂草等复杂的有机物加工成半成品——结构简单的化合物；然后在甲烷细菌的作用下，将简单的化合物加工成产品，即生成甲烷。

(1) 沼气发酵原理

沼气发酵过程，实质上是微生物的物质代谢和能量转换过程，有机物约有90％被转化为沼气，10％被沼气微生物用于自身的消耗。1979年，M.P.Bryant根据大量科学事实，提出三阶段厌氧发酵理论。

第一阶段 液化阶段。由微生物的胞外酶，对有机物质进行体外酶解，把固体有机物转变成可溶于水的物质。这些水解产物可以进入微生物细胞，并参与细胞内的生物化学反应。

第二阶段 产酸阶段。上述水解产物进入微生物细胞后，在胞内酶的作用下，进一步将它们分解成小分子化合物，其中主要是挥发性酸，故此阶段称为产酸阶段。参与这一阶段的细菌，统称为产酸菌。

第三阶段 产甲烷阶段。产氨细菌大量繁殖和活动，氨态氮浓度增高，挥发酸浓度下降，产甲烷菌大量繁殖。产甲烷菌利用简单的有机物、二氧化碳和氢等合成甲烷。在这个阶段合成甲烷主要有三种途径：由醇和二氧化碳形成甲烷；由挥发酸形成甲烷；二氧化碳被氢还原形成甲烷。

三个阶段是相互连接、交替进行的，它们之间保持动态平衡。正常情况下，有机物质的分解消化速度和产气速度相对稳定。如果平衡被破坏，就会影响产气。若液化阶段和产酸阶段的发酵速度过慢，产气率就会很低，发酵周期会变得很长，原料分解不完全，料渣就多。但如果前两个阶段的发酵速度过快而超过产甲烷速度，则会有大量的有机酸积累起来，出现酸阻抑，也会影响产气，严重时会出现"酸中毒"，而不能产生沼气（甲烷）。

(2) 沼气发酵的环境

沼气发酵的环境因素主要指厌氧环境、温度和pH值。

① 严格的厌氧环境。沼气发酵微生物包括产酸菌和产甲烷菌两大类，它们都是厌氧性细菌，尤其是产甲烷菌是严格厌氧菌，对氧特别敏感。厌氧程度一般用氧化还原电位或称氧化还原势来表示，单位是mV，一种物质的氧化程度越高则电势趋于正，而物质还原程度越高则电势趋于负，厌氧条件下氧化还原电位是负值。沼气正常发酵时氧化还原电位一般均低于-300mV。

② 发酵温度。沼气发酵微生物是在一定的温度范围进行代谢活动，可以在8～65℃产生沼气，温度高低不同产气速度不同。在8～65℃范围内，温度越高，产气速率越大，但不是线性关系。40～50℃是沼气微生物高温菌和中温菌活动的过渡区间，它们在这个温度范围内都不太适应，因而此时产气速率会下降。当温度增高到53～55℃时，沼气微生物中的高温菌活跃，产沼气的速率最快。沼气发酵温度突然变化，对沼气产量有明显影响，温度产气的两个高峰：35℃左右——中温发酵；54℃左右——高温发酵。

③ pH 值。沼气微生物最适宜的 pH 值范围是 6.8～7.4。一般来说，当 pH 值小于 6 或大于 8 时，沼气发酵就要受到抑制，甚至停止产气。采用测定挥发酸来控制投料量，可以做到精确管理。

3.8.3　沼气池的类型

根据当地使用要求和气温、地质等条件，家用沼气池有固定拱盖的水压式池、大揭盖水压式池、吊管式水压式池、曲流布料水压式池、顶返水水压式池、分离浮罩式池、半塑式池、全塑式池和罐式池。形式虽然多种多样，但是归总起来大体由水压式沼气池（图 3-24）、浮罩式沼气池、半塑式沼气池和罐式沼气池四种基本类型变化形成。

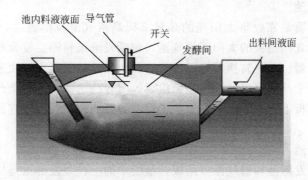

图 3-24　水压式沼气池的工作原理

(1) 固定拱盖水压式沼气池

固定拱盖水压式沼气池（图 3-25）有圆筒形、球形和椭球形三种池型。这种池型的池体上部气室完全封闭，随着沼气的不断产生，沼气压力相应提高。这个不断增高的气压，迫使沼气池内的一部分料液进到与池体相通的水压间内，使得水压间内的液面升高。这样一来，水压间的液面跟沼气池体内的液面就产生了一个水位差，这个水位差就叫做"水压"（也就是 U 形管沼气压力表显示的数值）。用气时，沼气开关打开，沼气在水压下排出；当沼气减少时，水压间的料液又返回池体内，使得水位差不断下降，导致沼气压力也随之相应降低。这种利用部分料液来回窜动，引起水压反复变化来储存和排放沼气的池型，就称之为水压式沼气池。

图 3-25　反顶水压箱户用型滚塑沼气池

（2）变型的水压式沼气池

中心吊管式沼气池将活动盖改为钢丝网水泥进、出料吊管，使其有一管三用的功能（代替进料管、出料管和活动盖），简化了结构，又因料液使沼气池拱盖经常处于潮湿状态，有利于其气密性能的提高，出料方便，便于人工搅拌。但是，新鲜的原料常和发酵后的旧料液混在一起，原料的利用率有所下降。

无活动盖底层出料水压式沼气池是一种变型的水压式沼气池。该池型将水压式沼气池活动盖取消，把沼气池拱盖封死，只留导气管，并且加大水压间容积，这样可避免因沼气池活动盖密封不严带来的问题。沼气池为圆柱形，斜坡池底，由发酵间、储气间、进料口、出料口、水压间、导气管等组成。

（3）太阳能沼气池

太阳能沼气池主要是靠收集太阳光的热量来提高沼气池发酵温度，从而更好地实现产气。例如一种采用聚光凸透镜的太阳能沼气池，包括发酵集料箱、复合凸透镜、防护罩、太阳能集热板、保温容器、电热转换器、温度传感器、保温控制器盒、快速发酵集料箱和支撑座。复合凸透镜由多个凸透镜以曲面为基面组成，复合凸透镜上的多个凸透镜所集聚光线的焦点都在太阳能集热板上。太阳能集热板位于保温容器的顶部，保温容器安装在快速发酵集料箱的上部。

（4）浮罩式沼气池

浮罩式沼气池由发酵池和储气浮罩组成，最简单的一种是发酵池与气罩一体化（顶浮罩式）。与其他池型的不同就在于它的储气和用气，都是靠浮罩自身的浮降形成的，只要浮罩内有气就能使用，不像水压式沼气池，当水压间与料池液面平衡时，即便池内有气也不能再用。图3-26为浮罩式沼气袋。

图3-26 浮罩式沼气袋

3.8.4 沼气产生过程及利用

沼气产生的过程分为三步：生物质原料的准备；发酵；发酵后沼液、沼渣的处理。

首先，把有机物质收集在一个预处理池里，对有害细菌进行消毒，然后输送至发酵罐里。这里生成的沼气被收集在一个储气罐内，其目的是保证在不同产气量的情况下输气量的稳定。最后沼气被注入燃气内燃机内。出于对安全的考虑，建议同时安装一个火炬，这样在气体过剩的情况下，多余的气体可以被安全地燃烧掉。

沼气发酵后的剩余物质可以用作肥料。发酵罐内产生的混合气体由50%～70%甲烷（CH_4）和30%～50%二氧化碳（CO_2）组成。这种成分使沼气成为燃气内燃机的一种高能量的优质燃料。生产的电能既可以用于处理厂，也可以输送至公共电网。热能可以用于发酵罐的加温或向其他设施供热。图 3-27 给出了沼气的产生及利用示意图。

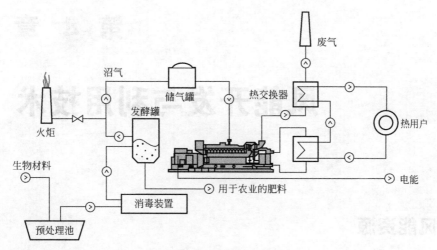

图 3-27 沼气的产生及利用

【可练习项目】

(1) 沼气发酵原理是什么？

(2) 查阅资料，说明沼气池在我国的应用现状如何？

参考文献

[1] 蒋剑春. 生物质能源转化技术与应用. 生物质化学工程，2007，41（3）：59～65.

[2] 马文超等. 生物质燃烧技术综述. 生物质化学工程，2007，41（1）：43～48.

[3] 田仲富，王述洋，曹有为. 生物质燃料燃烧机理及影响其燃烧的因素分析. 安徽农业科学，2014，42（2）：541～543.

[4] 吕游，蒋大龙等. 生物质直燃发电技术与燃烧分析研究. 电站系统工程，2011，27（4）.

[5] 郑昀等. 生物质气化技术原理及应用分析. 区域供热，2010，3.

[6] 常杰. 生物质液化技术的研究进展. 现代化工，2003，23（9）.

[7] 丁福臣，迟姚玲等. 生物质热解液化技术及其产物利用的研究进展. 北京石油化工学院学报，2007，15（2）.

[8] 王革华. 新能源概论. 北京：化学工业出版社，2013.

第 **4** 章

风能开发与利用技术

4.1 风能资源

知识目标

① 了解风的形成与特性。
② 了解风能资源的表征方法。
③ 了解风能资源的开发利用方式。
④ 了解中国的风能资源状况。

【知识描述】

风能是太阳能转换的一种形式,是一种重要的自然资源。据有关专家估计,全球一年中约为 $1.4 \times 10^{16} kW \cdot h$ 电力能力,相当于目前全世界每年所燃烧能量的 3000 倍。可利用的风能比地球上可开发利用的水能总量还要大 10 倍。

4.1.1 风的形成与特性

(1) 风的形成

太阳辐射以及地球的自转和公转,造成地球表面受热不均,引起大气层中压力分布不均,在不均压力作用下,空气沿水平方向运动就形成风。地球上任何地方都在吸收太阳的热量,但是由于地面每个部位受热的不均匀性,空气的冷暖程度就不一样,于是暖空气膨胀变轻后上升,冷空气冷却变重后下降,这样冷暖空气便产生流动,形成了风。而且由于地球自转、公转的力量及地形的不同,也更加强了风力和风向的变化多端。

由于风具有一定的质量和速度,并具有一定的温度,因此具有能量。太阳辐射到地球的光能有 2% 转变成了风能。图 4-1 给出了地球表面风的形成和风向示意图。

风根据形成的方式可以分为山谷风、海陆风、季风。

① 山谷风(图 4-2)

谷风:由于热力原因引起的白天由谷地吹向平原或山坡。

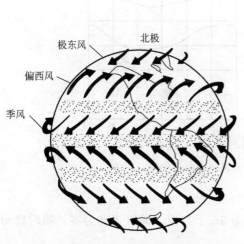

图 4-1　地球表面的风的形成和风向

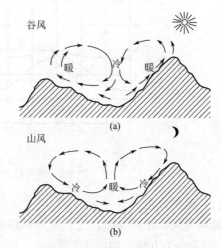

图 4-2　山谷风的形成示意图

山风：夜间由平原或山坡吹向谷地。

② 海陆风（图 4-3）

海风：在沿海地区，白天由于陆地与海洋的温度差而形成海风吹向陆地。

陆风：晚上陆风吹向海上。

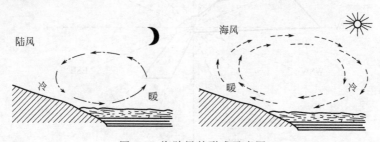

图 4-3　海陆风的形成示意图

③ 季风　随季节转换的风。

（2）风的特性

风是一个矢量，既有大小，又有方向。

① 风随时间的变化

风的日变化：地面上是夜间风弱，白天风强；高空中却是夜里风强，白天风弱。在沿海地区，白天产生海风，夜晚产生陆风。

风的季节变化：由于在不同的季节，太阳和地球的相对位置不同，使地球上存在季节性温度变化，因此，风也会产生季节性变化规律。

② 风的随机性变化　除了典型的变化规律外，风还具有随机性变化的特点，如图 4-4 所示。

4.1.2　风能资源的表征

研究风能的利用，离不开对风的表征特性描述，风的最大特性是它的变化性。对于风能的利用来讲，主要关心风速和风向。

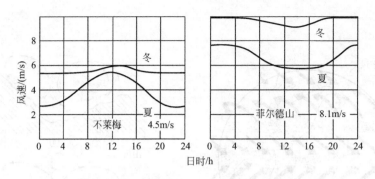

图 4-4　典型的不同地点的风速日变化曲线

(1) 风向方位

风向为风吹来的方向。气象上习惯将风向分为 16 个方位，即以正北为零，顺时针每转过 22.5°为一个方位。如图 4-5 所示。

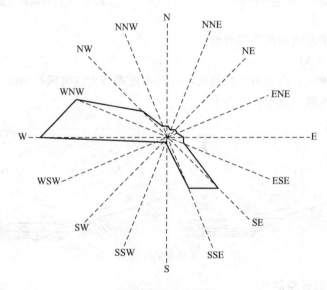

图 4-5　风向方位图

风的方向不稳定，在一年或一个月的周期中，出现相同风向的小时数占这段时间总小时数的百分比，称为风向频率。风向频率与该方向上平均风速的三次方的乘积沿这个方向的分布，以极坐标形式表示，叫风向玫瑰图。因图形似玫瑰花朵，故称风玫瑰图，如图 4-6 所示。根据风玫瑰图可以看出哪个方向上的风具有优势。

风玫瑰图，表示一个地区在某一时间内（一个月或者一年内的，但通常采用一个地区多年的统计资料）的风频、风速等情况，用它来反映一个地区的气流情况更科学、更直观、更贴近现实。风玫瑰图在气象统计、城市规划、工业布局等方面有着十分广泛的应用。

风玫瑰图解析：

① 玫瑰图上所表示风的吹向，是指从外面吹向地区中心的方向；

② 风玫瑰折线上的点离圆心的远近，表示从此点向圆心方向刮风的频率的大小；

③ 实线所形成的封闭图形与 4 条坐标线焦点代表风的大小；

④ 离中心越远表示风越大；

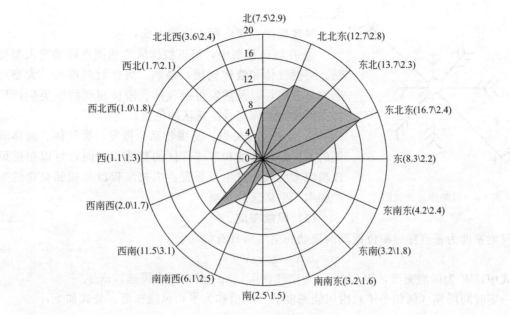

图 4-6　风玫瑰图

⑤ 中心圆圈内的数字代表静风的频率。

风频玫瑰图，表示一个地区在一定时期内风向频率的统计图。风频为某一个风向的次数占总观测次数的百分比。

风速玫瑰图，在极坐标地图上绘出的某一地区某一时段内各风向的平均风速的统计图。风速：单位时间内空气流动所经过的距离。如图 4-7 所示。

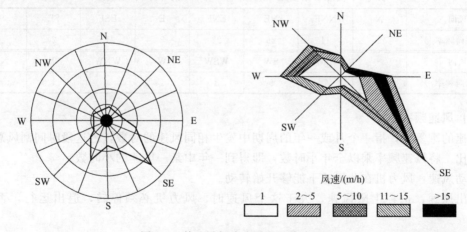

图 4-7　某地风频玫瑰图和风速玫瑰图

风频风速玫瑰图，每一方向上既反映风频大小（线段的长度），又反映这一方向上的平均风速（线段末段的风羽多少）。如图 4-8 所示。

风玫瑰图是一个地区，特别是平原地区风的一般情况，但由于地形、地物的不同，它对风气候起到直接的影响。由于地形、地面情况往往会引起局部气流的变化，使风向、风速改变，因此在进行建筑总平面设计时，要充分注意到地方小气候的变化，在设计中善于利用地形、地势，综合考虑对建筑物的布置。工业布局时注意风向对工程位置的影响，防止出现重

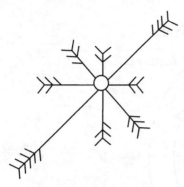

图 4-8　风频风速玫瑰图

大失误。

风玫瑰图主要应用于以下方面：

① 在城市规划中，可以根据风玫瑰图正确确定大型易燃、可燃气体和液体储罐，易燃、可燃材料堆场，大型可燃物品仓库，以及散发可燃气体、液体蒸气的甲类生产厂房或甲类物品库房及生活区的位置；

② 对于生产易燃、易爆物品，散发可燃气体、液体蒸气的工厂，在选址和审核厂区的整体规划时，可以根据风玫瑰图考虑风向对生产装置、工艺流程以及相邻企业的生产和本厂生活区的影响。

（2）风能密度

风能密度为垂直穿过单位截面的流动的空气所具有的动能：

$$W = 1/2 \rho V^3$$

式中，W 为风能密度，W/m^2；ρ 为空气密度，kg/m^3；V 为风速，m/s。

一定时间周期（例如一年）内风能密度的平均值称为平均风能密度。公式如下：

$$W = \frac{1}{T} \int 0.5 \rho V^3 \mathrm{d}t$$

（3）风向频率

将一段时间内风向观测的次数按方位分类统计，然后以每一方位的观测次数，除以该段时间内观测的总次数，再乘以 100 即得到各种风向的风向频率。福建省东山站（1955～1980 年）历年平均风向频率列于表 4-1 中。

表 4-1　**福建省东山站**（1955～1980 年）**历年平均风向频率**

风向	N	NNE	NE	ENE	E	ESE	SE	SSE
平均风向频率/%	2	11	26	22	5	1	2	3
风向	S	SSW	SW	WSW	W	WNW	NW	NNW
平均风向频率/%	5	7	5	3	1	1	1	1

（4）风速频率

风速的重复性，指一个月或一年的周期中发生相同风速的时数，占这段时间刮风总时数的百分比。将风速频率乘以全年小时数，即得到一年中某一风速的小时数。

启动风速：风力机在此风速下能够开始转动。

切出风速：也称上限风速，大于这个风速时，风力机必须停转，退出运行，否则有危险。

4.1.3　中国的风能资源

根据中国气象局估算，中国风能资源潜力约为每年 $1.6 \times 10^9 \, kW$，其中我国约 1/10 可开发利用。我国风能资源的分布与天气气候背景有密切的关系。我国风能资源丰富和较丰富的地区主要分布在两个大带里，沿海及其岛屿地区丰富带和三北（东北、华北、西北）地区丰富带。

（1）中国最大风能资源区

东南沿海及其岛屿。这一地区，有效风能密度大于等于 $200 W/m^2$ 的等值线平行于海岸线，沿海岛屿的风能密度在 $300W/m^2$ 以上，有效风力出现时间百分率达 $80\%\sim90\%$，大于等于 $3m/s$ 的风速全年出现时间约 $7000\sim8000h$，大于等于 $6m/s$ 的风速也有 $4000h$ 左右。

在福建的台山、平潭和浙江的南鹿、大陈、峡泗等沿海岛屿上，风能都很大。其中，台山风能密度为 $534.4W/m^2$，有效风力出现时间百分率为 90%，大于等于 $3m/s$ 的风速全年累积出现 $7905h$。换言之，平均每天大于等于 $3m/s$ 的风速有 $21.3h$，是我国平地上有记录的风能资源最大的地区之一。

(2) 次最大风能资源区

内蒙古和甘肃北部。这一地区终年在西风带控制之下，而且又是冷空气入侵首当其冲的地方，风能密度为 $200\sim300W/m^2$，有效风力出现时间百分率为 70% 左右，大于等于 $3m/s$ 的风速全年有 $5000h$ 以上，大于等于 $6m/s$ 的风速有 $2000h$ 以上。这一地区的风能密度虽较东南沿海为小，但其分布范围较广，是我国连成一片的最大风能资源区。

(3) 大风能资源区

黑龙江、吉林东部以及辽东半岛沿海。风能密度在 $200W/m^2$ 以上，大于等于 $3m/s$ 和 $6m/s$ 的风速全年累积时数分别为 $5000\sim7000h$ 和 $3000h$。

(4) 较大风能资源区

青藏高原、三北地区的北部和沿海。这些地区（除去上述范围）风能密度在 $150\sim200W/m^2$ 之间，大于等于 $3m/s$ 的风速全年累积为 $4000\sim5000h$，大于等于 $6m/s$ 风速全年累积为 $3000h$ 以上。

(5) 最小风能资源区

云贵川，甘肃、陕西南部，河南、湖南西部，福建、广东、广西的山区以及塔里木盆地。有效风能密度在 $50W/m^2$ 以下时，可利用的风力仅有 20% 左右，大于等于 $3m/s$ 的风速全年累积时数在 $2000h$ 以下，大于等于 $6m/s$ 的风速在 $150h$ 以下。

(6) 可季节利用的风能资源

这些地区风能密度在 $50\sim100W/m^2$，可利用风力为 $30\%\sim40\%$，大于等于 $3m/s$ 的风速全年累积在 $2000\sim4000h$，大于等于 $6m/s$ 的风速在 $1000h$ 左右。

4.1.4　风能资源的开发利用

风能资源开发利用的主要内容有风力发电、风帆助航、风车提水、风力制热采暖等。其中，风力发电是最主要的利用形式。

(1) 风力发电

风力发电通常有三种运行方式：一是独立运行方式，通常是一台小型风力发电机向一户或几户提供电力，用蓄电池蓄能，以保证无风时的用电；二是风力发电与其他发电方式相结合，向一个单位或一个村庄或一个海岛供电；三是风力发电并入常规电网运行，向大电网提供电力，常常是一处风场安装几十台甚至几百台风力发电机，这是风力发电的主要发展方向。

(2) 风力泵水

风力泵水主要是解决农村、牧场的生活、灌溉和牲畜用水以及节约能源。现代风力泵水机根据用途可以分为三类：一类是高扬程小流量的风力泵水机组，它与活塞泵相配提取深水井地下水，主要用于北方牧区的草原、牧场，为农牧民提供生活用水和牲畜饮水，为草原和园田提供灌溉用水；另一类是低扬程大流量的风力泵水机组，它与螺旋桨相配套，提取地表水，如河水、湖水或海水，主要用于东南沿海地区的农田灌溉、水产养殖或盐场制盐等提水工作；第三类是既可提取地下水又可提取地表水的中扬程风力提水机组，主要用于丘陵地带的农田灌溉、获取生活用水等提水作业。

① 高扬程小流量风力提水机组　该系统是由低速多叶式风力机与单作用或双作用活塞式水泵相匹配形成的提水机组。这类风力提水机组的风轮直径为 2～6m，泵的扬程为 10～100m，泵的流量为 0.5～5m^3/h。这类机组可以提取深井地下水，在我国西北部、北部草原牧区为人畜提供清洁饮用水或为小面积草场提供灌溉用水。这类风力提水机通过曲柄连杆机构，把风轮轴的旋转运动力转变为活塞泵的往复运动，进行提水作业。这类风力机的风轮能够自动对风，并采用风轮偏置-尾翼挂接轴倾斜的方法进行自动调速。

② 中扬程大流量风力提水机组　该系统是由高速桨叶匹配容积式水泵组成的提水机组。这类风力提水机组的风轮直径 5～6m，泵的扬程为 10～20m，泵的流量为 15～25m^3/h。这类风力提水机用于提取地下水，进行农田灌溉或人工草场的灌溉。一般均为流线型升力桨叶风力机，性能先进，适用性强，但造价高于传统式风车。

③ 低扬程大流量风力提水机组　该系统是由低速或中速风力机与钢管链式水车或螺旋泵相匹配形成的一类提水机组，如图 4-9 所示。它可以提取河水、海水等地表水，用于盐场制盐、农田排水、灌溉和水产养殖等作业。机组扬程为 0.5～3m，泵的流量可达 50～100m^3/h。风力提水机的风轮直径 5～7m，风轮轴的动力通过两对锥齿轮传递给水车或螺旋泵，从而带动水车或水泵提水。这类风力机的风轮能够自动迎风，一般采用侧翼-配重调速机构进行自动调速。

图 4-9　国产 FSH300 型
风力提水机组

(3) 风帆助航

在机动船舶发展的今天，现代大型商船考虑将风能作为辅助推动力，从而减少主推进柴油机的油耗，提高航速，最终达到节能减排的效果，古老的风帆助航也得到了发展。德国在 20 世纪 60 年代就开始着手研究万吨级大型风帆助推运输船。他们设计了六桅的风帆助推船"DYNA"号，该船总长约 160m。2007 年 12 月 15 日，全球第一艘用矩形风筝拉动的货轮"白鲸天帆"号（图 4-10）在德国汉堡的一个港口下水。研发出天帆风力系统的汉堡市"天帆"公司和不来梅港的"白鲸"轮船公司合作，在 132m 的"白鲸天帆号"上安装超轻合成纤维巨型风筝，可上升至 300m 高空，把风力和风向输入船上的计算机，指挥风筝沿围绕货轮的轨道移动，由不同方向拉动货轮，减少轮船的引擎负荷。全球目前登记的 10 万艘轮船有 6 万艘可加装天帆，包括货柜轮、油轮在内，根据风力状况可节省 10%～35% 的燃料。风力最理想的短期间甚至可节省 50% 的燃料。

(4) 风力制热

风力制热是将风能转换成热能。目前有三种转换方法：一是风力机发电，再将电能通过电阻丝发热，变成热能；二是由风力机将风能转换成空气压缩能，再转换成热能；三是将风力机直接转换成热（图 4-11）。显然第三种方法制热率最高。风力机直接转换热能也有多种方法。最简单的是搅拌液体制热，即风力机带动搅拌器转动，从而使液体（水或油）变热。

图 4-10 全球第一艘用风筝拉动的货轮 "白鲸天帆号"

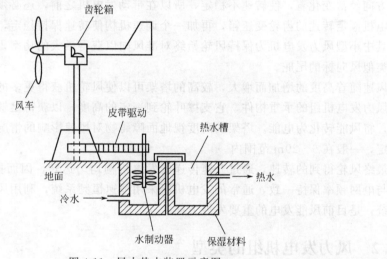

图 4-11 风力热水装置示意图

【可练习项目】

(1) 风能的表征参数有哪些？举例说明如何实际应用？

(2) 查阅资料讨论风能的利用领域有哪些？

4.2 风力发电系统结构

 知识目标

① 了解风力发电系统的原理。

② 了解风力发电机组的类型。

③ 了解风力发电系统的结构及组成部件。

【知识描述】

4.2.1　风力发电系统原理

把风的动能转变成机械动能，再把机械动能转化为电力动能，即为风力发电。风力发电的原理是利用风力带动风车叶片旋转，再通过增速机将旋转的速度提升，来促使发电机发电。依据目前的风车技术，大约3m/s的微风速度（微风的程度）便可以开始发电。

大型风力发电装置包括风轮机（风力机）、传动变速机构和发电机三个主要部分。其中风轮机是发电装置的核心。另外塔架也是风力发电机不可缺少的组成部分。其中小型风力发电机在发电机后面还装有尾舵，具有调向作用，大型风力发电机没有尾舵。

风轮是把风的动能转变为机械能的重要部件，它由两只（或更多只）螺旋桨形的叶轮组成。当风吹向桨叶时，桨叶上产生气动力驱动风轮转动。桨叶的材料要求强度高、重量轻，目前多用玻璃钢或其他复合材料（碳纤维）来制造。由于风轮的转速比较低，而且风力的大小和方向经常变化着，使转速不稳定，所以在带动发电机之前，还必须附加一个把转速提高到发电机额定转速的齿轮变速箱，再加一个调速机构使转速保持稳定，然后再连接到发电机上。其中小型风力发电机为保持风轮始终对准风向以获得最大的功率，还需在风轮的后面装一个类似风向标的尾舵。

风速随着高度的增加而增大，较高的塔架可以使风轮机获得更多的风能。风力发电机塔架是风力发电机组的承重构件，它支撑叶轮到一定的高度，以获得足够大的风速来驱使叶轮转动，将风能转化为电能。塔架的高度视地面障碍物对风速影响的情况，以及风轮的直径大小而定，一般在6～20m范围内。

最终风轮得到的转速，通过升速传递给发电机构均匀运转，因而把机械能转变为电能。为了与电网频率保持一致，通常的发电机组采用恒速恒频系统，利用风能的份额小；变速恒频系统，是目前风能发电的重要发展方向。

4.2.2　风力发电机组的类型

风力发电机组是将风能转化为电能的装置，主要的类型如图4-12所示。

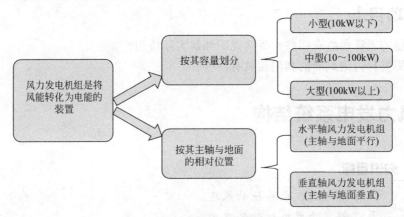

图4-12　风力发电机组的类型

(1) 水平轴风力发电机组

旋转轴与叶片垂直，一般与地面平行，旋转轴处于水平（图4-13）。水平轴风力发电机根据受力方向，可以分为上风向风力发电机和下风向风力发电机。

（2）垂直轴风力发电机组

旋转轴与叶片平行，一般与地面垂直，旋转轴处于垂直方向。按照空气动力学工作原理分为阻力型和升力型。

阻力型风力机由于风力机的叶片在迎风方向形状不对称，引起空气阻力不同，从而产生一个绕中心轴的力矩，使风轮转动。杯式风速计（图 4-14）是最简单的阻力型垂直轴风力机。S 型 Savonius 风力机（图 4-15）是阻力型风力机中的典型型式，当风吹向叶轮时，由于叶片迎风面形状不同，有 $F_1 > F_2$，产生力矩 M，驱动风轮做逆时针方向旋转（俯视情况下）。

图 4-13　水平轴风力发电机

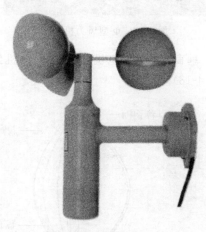

图 4-14　杯式风速计

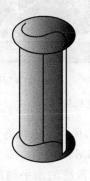
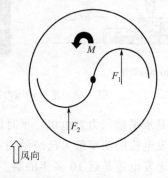

图 4-15　S 型风力机外形

升力型垂直轴风力发电机是利用空气流过叶片产生的升力作为驱动力。由于叶片在旋转过程中随着转速的增加阻力急剧减小，而升力反而会增大，所以升力型的垂直轴风力发电机的效率要比阻力型的高很多。法国科学家达里厄发明的达里厄式风轮是一种典型的升力装置，风轮由固定的数枚叶片组成，绕垂直轴旋转。达里厄风力发电机组可分为直叶片和弯叶片两种，叶片的翼型剖面多为对称翼型，其中以 H 型和 Φ 型风力机组最为典型（图 4-16 和图 4-17）。

图 4-16　Φ 型风力机

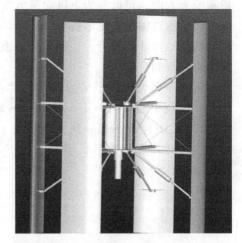

图 4-17　H 型风力机

　　垂直轴风力发电机组同水平轴机组一样，也主要由风力机、齿轮箱、发电机等组成（图 4-18）。

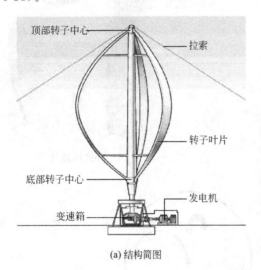

(a) 结构简图

(b) 实际机组

图 4-18　垂直轴风力发电机组

　　目前占市场主流的是水平轴风力发电机，平时说的风力发电机通常也是指水平轴风力发电机。目前水平轴风力发电机的功率最大已经做到了 5MW 左右。垂直轴风力发电机虽然最早被人类利用，但是用来发电还是近 10 多年的事。与传统的水平轴风力发电机相比，垂直轴风力发电机具有不用对风向、转速低、无噪声等优点，但同时也存在启动风速高、结构复杂等缺点，这都制约了垂直轴风力发电机的应用。

4.2.3　系统组成

　　风力发电系统通常由风轮、对风装置、调速（限速）机构、传动装置、发电装置、储能装置、逆变装置、控制装置、塔架及附属部件组成（图 4-19）。

(1) 风轮

　　风轮是集风装置，它的作用是把流动空气具有的动能转变为风轮旋转的机械能。风轮一

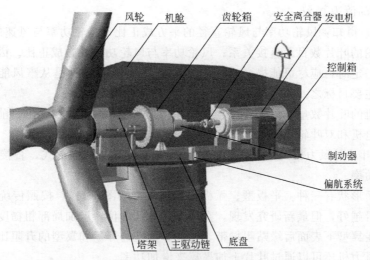

图 4-19　风力发电设备主要结构

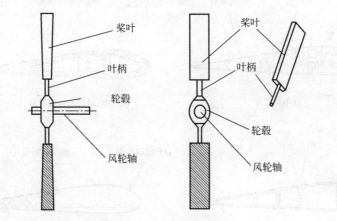

图 4-20　风轮的组成

般由 2～3 个叶片和叶柄、轮毂及风轮轴等组成（图 4-20）。

风轮功率的分析

在 1s 中流向风轮的空气所具有的动能为

$$N_v = \frac{1}{2}mV^2 = \frac{1}{2}\rho A V^3 \tag{4-1}$$

式中，V 为风速；A 为旋转着的风轮的扫掠面积；ρ 为空气密度。

若风轮直径为 D，则

$$N_v = \frac{1}{2}\rho A V^3 = \frac{1}{2}\rho(\pi D^2/4)V^3 = \frac{\pi D^2}{8}\rho V^3 \tag{4-2}$$

这些风能不可能全部被风轮捕获。风轮捕获风能并将之转换成机械能，再由风轮轴输出的功率为 N（称之为风轮功率）。它与 N_v 之比，称为风轮功率系数（或风能利用系数），用 C_p 表示，即：

$$C_p = N/N_v = \left[N \Big/ \left(\frac{\pi D^2}{8}\rho V^3 \right) \right] \tag{4-3}$$

$$N = \frac{\pi}{8}\rho D^2 V^3 C_p \tag{4-4}$$

式中，C_p 的值为 $0.2 \sim 0.5$。

由式（4-2）得知：风轮功率与风轮直径的平方成正比；风轮功率与风速的立方成正比；风轮功率与风轮的叶片数目无直接关系；风轮功率与风轮功率系数成正比。因此，当风轮大小、工作风速一定时，应尽可能提高 C_p 值，以增大风轮功率。这是从事风能开发利用的科技人员追求的主要目标之一。

风力发电机的叶片数量分为单叶片、双叶片、三叶片和多叶片四种。目前市场上还有聚风罩型风力发电机和双叶轮风力发电机。

① 叶片　叶片是风力机的关键部件，叶片的翼型设计、结构形式，直接影响风力发电装置的性能和功率。

叶片横截面形状有三种：平板型、弧板型和流线型（图 4-21）。按照传统的观点，叶片表面应是越光滑越好，但最新研究发现，在叶片表面某部位，增加局部粗糙度，可以提高叶片的升阻比。在翼型下表面后缘贴粗糙带，增加了翼型的环量和翼型的升阻比，因而提高了叶片的效率。风力机还可以通过叶片上加襟翼来增加功率。

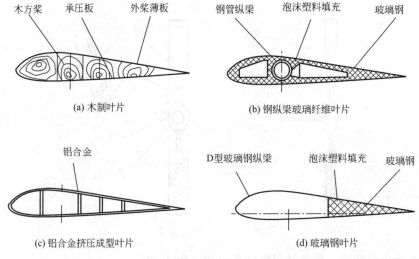

(a) 木制叶片　　　　(b) 钢纵梁玻璃纤维叶片

(c) 铝合金挤压成型叶片　　　　(d) 玻璃钢叶片

图 4-21　常见风力机叶片的横截面结构图

叶片的材料选择时需要考虑以下原则：良好的力学、热学及化学特性；高强度、高硬度、低密度；使用寿命长，良好的耐腐蚀性；要易于生产加工，价格合理；加工助剂的价格要尽量低廉，并且操作时不污染环境。

叶片的材料从木质、帆布等发展为金属（铝合金）、玻璃纤维增强复合材料（玻璃钢）、碳纤维增强复合材料等。玻璃钢因为重量轻、比强度高、可设计性强、价格比较便宜等因素，成为大、中型风机叶片材料的主流。随着风机叶片朝着大型化和轻量化的方向发展，碳纤维复合材料逐渐应用到超大型风机叶片中。

② 轮毂　轮毂是将叶片和叶片组固定到转轴上的装置，是叶片根部与主轴的连接件。它将风轮的力和力矩传递到主动传动机构中。轮毂有固定式和铰链式两种。

轮毂是用铸钢或钢板焊接而成。铸钢件在加工前要对其进行探伤。焊接的轮毂，其焊缝必须经过超声波检查，并按照桨叶可能承受的最大离心力载荷确定钢板的厚度。此外，还应考虑交变应力引起的焊缝疲劳。

③ 主轴　主轴也称低速轴，安装在风轮和齿轮箱之间。前端通过螺栓与轮毂刚性连接，后端与齿轮箱低速轴连接，承力大而且复杂。风机每经历一次启动和停机，主轴所受的各种

力都将经历一次循环，会产生循环疲劳。

（2）调速装置

自然界的风速经常变化。风轮的转速随风速的增大而变快，发电机的输出电压、频率、功率也增加。当风轮的转速超过设计允许值时，有可能影响机组的使用寿命，甚至造成设备损坏。为使风轮能以一定的转速稳定地工作，风力发电机组上设有调速装置。

调速装置是在风速大于设计额定风速时才起作用，又被称为限速装置。有了限速机构，即使风速很大，风轮的转速仍能维持在一个较稳定的范围之内，防止超速乃至飞车的发生。

风力机的限速机构大体上有三种基本方式：减少风轮的迎风面积；改变翼型攻角值；利用空气阻尼力。

① 减少风轮的迎风面积　风轮在正常工作时，其迎风面积为叶片回转时所扫掠的圆形面积。当风速超过额定风速时，风轮相对风向发生偏转，减少风轮接受风能的面积。由此，尽管风速增大了，风轮的转速并未变快。

② 改变翼型攻角值　此种调速方法也称变桨距调速法。其基本原理是改变翼型的攻角值，减小升力系数，降低叶片的升力，达到限速的目的。

③ 利用空气阻尼力　基本原理是在风轮中心或叶片尖端装有带弹簧的阻尼板（翼），当风轮转速过大时，让空气对它的运动产生阻力，来限制风轮转速的增加。

（3）发电机

发电机是将由风轮轴传来的机械能转变成电能的设备。发电机的作用是通过电磁感应把旋转的机械能转化为电能供用户使用。目前普遍应用的有同步发电机和异步发电机。小型风力发电装置多采用永磁式交流发电机；大、中型风力发电装置普遍采用同步发电机和感应发电机。

根据定桨距失速型风机和变速恒频变桨距风机的特点，国内目前装机的发电机一般分为两类。

① 异步型　其中笼型异步发电机的功率为125kW、750kW、800kW、12500kW，定子向电网输送不同功率的50Hz交流电；绕线式双馈异步发电机的功率为1500kW，定子向电网输送50Hz交流电，转子由变频器控制，向电网间接输送有功或无功功率。

② 同步型　其中永磁同步发电机的功率为750kW、1200kW、1500kW，由永磁体产生磁场，定子输出经全功率整流逆变后向电网输送50Hz交流电；电励磁同步发电机是由外接到转子上的直流电流产生磁场，定子输出经全功率整流逆变后向电网输送50Hz交流电。

（4）塔架

塔架的功能是支撑位于空中的风力发电系统。塔架与基础相连接，承受风力发电系统运行引起的各种载荷，同时传递这些载荷到基础，使整个风力发电机组能稳定可靠地运行。风力发电机塔架的结构形式主要有桁架式钢结构塔架、格构式钢结构塔架、圆筒式或锥筒式钢塔架和混凝土塔架、钢-预应力混凝土混合塔架等，如图4-22所示。重量占全机组的一半，成本占15%。

（5）控制装置

控制系统利用DSP微机处理机，在正常运行状态下，主要通过对运行过程模拟量和开关量的采集、传输、分析，来控制风电机组的转速和功率，如发生故障或其他异常情况，能自动地监测并分析确定原因，自动调整、排除故障或进入保护状态。

控制系统的主要任务是能自动控制风电机组依照其特性运行，自动检测故障并根据情况采取相应的措施。根据风电机组的结构载荷状态、风况、变桨变速风电机组的特点及其他外

(a) 桁架式钢结构塔架　(b) 格构式钢结构塔架　(c) 锥筒式钢塔架、混凝土塔架

(d) 圆筒式钢塔架、混凝土塔架　　(e) 钢-预应力混凝土混合塔架

图 4-22　塔架的结构形式

部条件，将风电机组的运行情况主要分为以下几类：待机状态、发电状态、停机状态。

（6）齿轮箱

齿轮箱是风力发电机组关键零部件之一（图 4-23）。由于风力机工作在低转速下，而发电机工作在高转速下，为了实现风力机和发电机的匹配，采用增速齿轮箱。

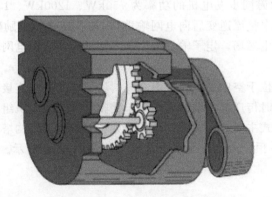

图 4-23　齿轮箱

（7）控制系统及附属部件

① 机舱　为了保护风力机部件，用罩壳把它们密封起来，此罩壳称为机舱。机舱座上覆盖有机舱罩，材料是玻璃钢，具有轻质高强的特点，有效地密封以防止外界侵蚀，如雨、

潮湿、盐雾、风沙等。机舱上安装有散热器，用于齿轮箱和发电机的冷却；同时，在机舱内还安装有加热器，使得风电机组在冬季寒冷的环境下，机舱内保持在 10℃ 以上的温度。

② 机头座　用来支撑塔架上方的所有装置及其附属部件，它是否牢固将直接关系到风力机的安危与寿命。由于微小型风力机塔架上方的设备重量轻，一般是由钢板焊接而成，即根据设计要求在底板上焊上加强肋。中、大型风力机的机头座要复杂一些，通常以纵梁、横梁为主，再辅以台板、腹板、肋板等焊接而成。

③ 回转体　回转体是塔架与机头座的连接部件，通常由固定、回转圈以及位于它们之间的轴承组成。固定套销定在塔架上部，回转圈与机头座相连，通过它们之间的轴承和对风装置相连，在风向变化时，机头便能水平地回转，使风轮迎风工作。

大、中型风力机的回转体常借用塔式吊车上的回转机构。小型风力机的回转体通常是在上、下各设一组轴承，可采用圆锥滚子轴承，也可以上面用向心球轴承承受径向载荷，下面用推力轴承来承受机头的全部重量。微型风力机的回转体不宜采用滚动轴承，而采用青铜加工的滑动轴承。这是为了防止机头对瞬时变化的风向过于敏感而导致频繁回转。

④ 制动装置　制动装置是使风力发电机停止运转的装置（也称刹车系统）。在中型和大型风力发电机组中，有采用叶尖气动刹车和机械式刹车组成的制动系统。

功率较大的风力发电机组，应用电磁制动器和液压制动器。当采用电磁制动器时，需要有外电源。当采用液压制动器时，除了需要外电源，还需要油泵、电磁阀、液压油缸和管路等。

⑤ 传动装置　风力发电机组的传动装置包括增速器与联轴器等。通常，风速的转速低于发电机转子需要的转速，所以要增速（有的微型风力发电机组不设增速器而直接连接）。增速器与发电机之间用联轴器连接，为了少占用空间，往往将联轴器与制动器设计在一起。风轮轴与增速器之间也有用联轴器的，称低速联轴器。

【可练习项目】

（1）风力发电系统的组成部件有哪些？说明风力发电机各组成部件的作用。

（2）查阅资料，说明风力发电机组的类型。

4.3　风力发电系统运行方式

知识目标

① 了解风力发电的运行方式。

② 了解风力发电机独立运行方式。

③ 了解风力发电机并网运行方式。

④ 了解风力-柴油发电系统。

【知识描述】

风力发电的运行方式可分为独立运行、并网运行、集群式风力发电站、风力-多能源发电系统等。

4.3.1　独立运行

　　独立运行的风力发电机组，又称为离网型风力发电机组（图 4-24），分为直流离网型风力发电机组、交流离网风力发电机组和交直流离网型风力发电机组。通常包含风力发电机、蓄电池组、控制器、卸荷器、用电负载。交流型的添加逆变器功能。

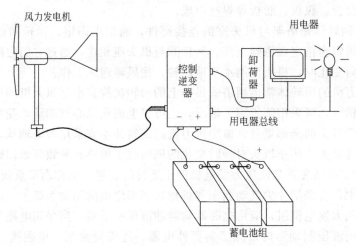

图 4-24　离网型风力发电系统结构示意图

　　孤立运行的风力发电装置多为几十瓦到几千瓦的中小容量机组，一般采用直流发电机，并利用蓄电池组保持一定电压，无风时还可用蓄电池供电。按照用户类型可以分为用于离网大用户供电的离网风力发电机组；用于村落、农牧场供电的微小型风力发电机组。我国微小型风力发电机组按额定功率分主要有 10 种，100W、150W、200W、300W、500W、1kW、2kW、3kW、5kW、10kW。型式为 2～3 个叶片，水平轴、上风向，多为永磁低速发电机，多数为定桨距机组，叶片材料多样，设计寿命 15 年。风轮功率系数大约在 0.4，发电机组的效率在 0.8 左右。

4.3.2　并网运行

　　并网型风力发电系统，是指风电机组与电网相连，向电网输送有功功率，同时吸收或者发出无功功率的风力发电系统，一般包括风电机组（含传动系统、偏航系统、液压与制动系统、发电机、控制和安全系统等）、线路、变压器等。结构如图 4-25 所示。

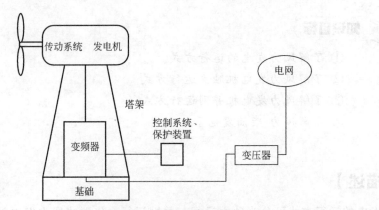

图 4-25　并网型风力发电系统的结构示意图

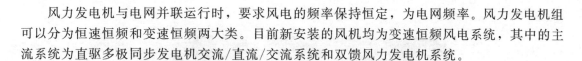

　　风力发电机与电网并联运行时，要求风电的频率保持恒定，为电网频率。风力发电机组可以分为恒速恒频和变速恒频两大类。目前新安装的风机均为变速恒频风电系统，其中的主流系统为直驱多极同步发电机交流/直流/交流系统和双馈风力发电机系统。

4.3.3　集群式风力发电站

　　在风能资源非常丰富的地区建造集群式风力发电站，可以做到在风力情况变化时相互补充，提供较为稳定连续的电能。组成集群式风力发电站的风力发电机容量多在数十千瓦至数百千瓦等级。

4.3.4　风力-多能源发电系统

　　微电网混合系统是利用风能、太阳能、地热能等新能源资源的互补性，结合传统能源柴油发电、火电等的综合性发电系统，并带有蓄电池、飞轮等能源存储装置，可独立运行发电，也可并网发电，有风光互补系统和光柴互补系统。

【可练习项目】

　　(1) 风力发电系统的运行方式有哪几种？
　　(2) 查阅资料，说明并网运行的风力发电系统的结构。

4.4　风力发电场

知识目标

　　① 了解风力发电场的电气系统组成。
　　② 了解风电场的类型。

【知识描述】

4.4.1　风电场的电气系统

　　风电场包括风电机群、集电部分、升压变电站、协调整个风电场运行的控制部分。
　　实现风-电转换过程的成套设备称为风力发电机组。风电场是在一定的地域范围内，由同一单位经营管理的所有风力发电机组及配套的输变电设备、建筑设施、运行维护人员等共同组成的集合体。风电场通常选择风力资源良好的场地，根据地形条件和主风向，将多台风力发电机组按照一定的规则排成阵列，组成风力发电机群，并对电能进行收集和管理，统一送入电网。
　　风电场的电气系统分为一次系统和二次系统。由直接参与电能生产、变换、传输和使用的设备及装置构成的系统，称为一次系统。对一次系统起测量、监视、控制和保护作用的系统，称为二次系统。
　　风电场一次系统的构成包括风电机组、集电系统、升压变电站、厂用电系统，如图4-26所示。

图 4-26　风电场一次电气系统示意图

1—风机叶轮；2—传动装置；3—发电机；4—变流器；5—机组升压变压器；6—升压站中的配电装置；

7—升压站中的升压变压器；8—升压站中的高压配电装置；9—架空线路

4.4.2　风电场的分类

目前的风电场主要分为陆上（包括滩涂）和海上。其中海上风电场又分为潮间带和中、深海域，如图 4-27 所示。

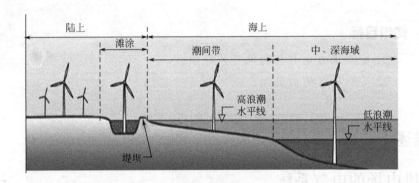

图 4-27　风电场分类

海上风电与陆上风电面临着不同的环境条件，技术上存在较大的区别。海上风电场的选址主要涉及环境评估，以及适合于海上环境的风机、驱动系统、控制系统及叶片的设计。相对陆上，海上风电场面临的主要问题有高成本、复杂的环境、需要较高的可靠性、海上电力配套措施等。海上风电的高成本主要是通过加大风机装机容量，从而降低成本、降低维修和运营费用来控制。海上的环境比陆上复杂，海上风电面临冰冻、台风、气流、闪电、漩涡、潮汐等各种环境的影响，因此在设计风场和运用材料方面具有更加严格的要求。比如为了防止台风，需要安装远程风感应装置，同时掌握海洋气象特征以应对各种不同的气象特征。为了防止海水对风机的腐蚀，还需要应用镀膜技术，采用先进的防腐蚀材料。参阅表 4-2。

表 4-2　海上风电面临的挑战及解决方式

挑战	解决方式
高成本	大的风机和风场，降低维修和运营费用，海上风电并网
防止海水腐蚀	发动机舱加压，先进的材料和镀膜技术
台风	远程风感应装置，掌握海洋气象特征
可靠性	状态检测和维护，海上风机最优化设计，直驱风机
人员生活	人员进出、住处、安全进出风电场的船只，人员培训等
环境评估	环境评估数据集成平台，低成本的野生动物实时监控方法
电网与发电设施	直流配电，海上电网系统
回收	易拆卸的结构和地基，长寿命的地基

【可练习项目】

（1）风电场的类型有哪些？

（2）查阅资料，分析目前海上风电场的成本组成。

参考文献

[1]　王建忠，李红．风力提水技术．内蒙古水利，2000，4，50．

[2]　王革华．新能源概论．北京：化学工业出版社，2013．

[3]　张仁颐．中国沿海风帆助航节能的潜力 [J]．船舶工程，1993（6）．

第 5 章

氢能开发与利用技术

5.1 氢能概述

知识目标

① 了解氢能的概念。

② 了解氢能的特点。

③ 了解氢能的前景和发展应用。

【知识描述】

5.1.1 氢能定义

氢能是指以氢及其同位素为主导的反应中或者氢在状态变化过程中所释放的能量。氢能是一种二次能源。

氢能可以由氢的热核反应释放，也可以由氢跟氧化剂发生化学反应所放出。不同种类的氢反应，其放出的能量是大有差别的，因而其利用程度和利用方式也各不相同。前一种反应释放的能量通常称为热核能或聚变能，后一种反应放出的能量称为燃料反应的化学能。

5.1.2 氢能利用形式

(1) 工业应用

氢具有高挥发性、高能量，是能源载体和燃料，同时氢在工业生产中也有广泛应用，现在工业每年用氢量为 5500 亿立方米，氢气与其他物质一起可用来制造氨水和化肥，同时也应用到汽油精炼工艺、玻璃磨光、黄金焊接、气象气球探测及食品工业中。

(2) 氢核聚变能的利用

氢核聚变能的利用有两个方面：①军事利用；②和平利用。军事上利用氢核聚变能，出现了氢弹和各种威力不等的氢核武器，而氢核聚变能的和平利用则尚待进一步的研究和发展。

(3) 宇航推进

用在火箭发动机上。液氢和液氧都是低温液体，且液氢本身的比热容很高 $[C_p=10kJ/(kg \cdot K)]$，故它同时又可用作火箭高温部件及发动机推力室等的冷却剂。液氢传热性能优良，作为回收热冷却使用时，其总传热系数可以高达 $4000 \sim 5000W/cm^2$，个别区域的热流甚至可高到 $16000W/cm^2$ 左右。液氢的临界压力很低，$p_k=1.297MPa$，所以在燃烧室通道中不会产生沸腾传热现象。液氢所回收的热量还可再投到燃烧室中使用。

(4) 车船飞机动力

20 世纪 50 年代，美国利用液氢作超音速和亚音速飞机的燃料，使 B57 双引擎轰炸机改装了氢发动机，实现了氢能飞机上天。特别是 1957 年前苏联宇航员加加林乘坐人造地球卫星邀游太空和 1963 年美国的宇宙飞船上天，紧接着 1968 年阿波罗号飞船实现了人类首次登上月球的创举。目前氢能汽车已经投入使用。

(5) 用氢能发电来调节电网高峰

大型电站，无论是水电、火电或核电，都是把发出的电送往电网，由电网输送给用户。但是各种用电户的负荷不同，电网有时是高峰，有时是低谷。为了调节峰荷，电网中常需要启动快和比较灵活的发电站，氢能发电最适合扮演这个角色。利用氢气和氧气燃烧，组成氢氧发电机组。

【可练习项目】

(1) 论述氢能作为新型二次能源的特点。

(2) 查阅资料列出氢的应用领域。

(3) 讨论氢能推广利用的现状以及关键问题。

5.2　氢的制取

知识目标

① 了解化石燃料制氢方法。

② 了解水解制氢方法。

③ 了解光催化制氢的方法。

④ 了解各种氢能制取的原理。

【知识描述】

5.2.1　化石燃料制氢

目前全球氢产量在 5 千万吨/年左右，且年增长率 $6\% \sim 7\%$。全球商业用氢大约 96% 由煤、石油和天然气等化石燃料制取。化石燃料制氢是目前主要的工业制氢方法，技术成熟，成本低廉。

采用化石燃料制氢的方法有甲烷重整、天然气热解、煤气化、重油部分氧化。

(1) 天然气制氢

天然气制氢是化石燃料制氢工艺中最为经济与合理的方法。天然气的主要成分是甲烷。

甲烷制氢的方法主要有甲烷水蒸气重整法、甲烷催化部分氧化法、甲烷自然重整法和甲烷绝热转化法。

①　甲烷水蒸气重整制氢　这种方法自 1926 年英国帝国化工公司第一次应用至今，经过工艺改进，是目前工业上天然气制氢应用最广泛的方法。传统的甲烷水蒸气重整制氢（SRM）过程，包括原料的预热和预处理、重整、水气置换（包括高温和低温转换）、CO 的除去和甲烷化。该工艺流程如图 5-1 所示。

图 5-1　甲烷水蒸气重整制氢工艺流程图

甲烷水蒸气重整制氢法的化学反应机理：

转化反应　　　　　$CH_4 + H_2O \longrightarrow CO + 3H_2 - 206kJ$

变换反应　　　　　$CO + H_2O \longrightarrow CO_2 + H_2 + 41kJ$

两个反应在一段反应炉内完成，反应温度 650～850℃，反应管出口温度 820℃。若原料按下式进行配比，可获得 CO：H_2＝1：2 的合成气：

总反应式　$3CH_4 + CO_2 + 2H_2O \longrightarrow 4CO + 8H_2 - 659kJ$

甲烷水蒸气重整反应是一个强吸热反应，反应所需要的热量由天然气的燃烧供给。为了防止甲烷蒸气转化过程析出碳，通常在催化剂里加入一定量的钾或碱土金属（镁，钙），加速碳从催化剂表面除去，同时反应进料中采用过量的水蒸气。工业过程中的水蒸气和甲烷的摩尔比（简称气碳比）一般为 3～5，生成的 H_2 与 CO 之比约为 3。甲烷蒸气转化制得的合成气，进入水气置换反应器，经过高低温变换反应将把 CO 转化为二氧化碳和额外的氢气，提高氢气产率。

②　甲烷部分氧化制氢　甲烷部分氧化法制氢（POM）的优点是放热反应，反应速度快，反应条件温和，易于操作、启动；缺点是反应气中氢的含量比水蒸气重整反应低。由于通入空气氧化，空气中氮气的引入也降低了混合气中氢气的含量，使其可能低于 50%。反应机理如下：

主要反应　　　　　$CH_4 + 0.5O_2 \longrightarrow CO + 2H_2 + 35.5kJ$

为防止析碳，在反应系统中往往加入 H_2O，调节反应温度和气体组成，因此下述反应同时进行：

转化反应　　　　　$CH_4 + H_2O \longrightarrow CO + 3H_2 - 206kJ$

变换反应　　　　　$CO + H_2O \longrightarrow CO_2 + H_2 + 41kJ$

总反应式　　　　　$CH_4 + CO_2 \longrightarrow 2CO + 2H_2 - 247kJ$

当前，对 POM 的研究主要集中在部分氧化反应器上，综合考虑催化剂的最大活性、反应器内的传热及反应器本身的机械稳定性等。

③　天然气热解制氢　天然气中低碳烷烃在高温下吸收大量能量而分解为低碳不饱和烃和氢，甚至完全分解为元素碳和氢的烃类裂解过程。天然气与空气以一定的当量比混合燃烧，待温度达到 1300℃以上时，停止供空气，仅送天然气，使之在高温下裂解生成 H_2 和炭黑。由于吸热造成温度下降至 1000～1200℃时，再次通入空气燃烧。

天然气热裂解过程比较复杂，主要反应有：

裂解反应　　　　　　　　$CH_4 \longrightarrow C + 2H_2$

$$2CH_4 \Longrightarrow C_2H_4 + 2H_2$$

$$C_2H_6 \Longrightarrow C_2H_4 + H_2$$

$$C_3H_8 \Longrightarrow C_3H_6 + H_2$$

$$C_3H_8 \Longrightarrow C_2H_4 + CH_4$$

$$C_2H_4 \Longrightarrow C_2H_2 + H_2$$

$$C_2H_2 \Longrightarrow 2C + H_2$$

（2）液体化石燃料制氢——甲醇制氢

工业上利用甲醇制氢有两种途径：甲醇分解、甲醇部分氧化和甲醇蒸气重整。甲醇蒸气重整制氢，由于氢收率高（由反应式可以看出其产物的氢气组成可接近 75％），能量利用合理，过程控制简单，便于工业操作而更多地被采用。

以来源方便的甲醇和脱盐水为原料，在 220～280℃下专用催化剂上催化转化为主要含氢和二氧化碳的转化气，其原理如下：

主反应　　　$CH_3OH \Longrightarrow CO + 2H_2$　　　　　$+90.7kJ/mol$

　　　　　　$CO + H_2O \Longrightarrow CO_2 + H_2$　　　　　$-41.2kJ/mol$

总反应　　　$CH_3OH + H_2O \Longrightarrow CO_2 + 3H_2$　　　$+49.5kJ/mol$

副反应　　　$2CH_3OH \Longrightarrow CH_3OCH_3 + H_2O$　　$-24.9kJ/mol$

　　　　　　$CO + 3H_2 \Longrightarrow CH_4 + H_2O$　　　　　$-206.3kJ/mol$

上述反应生成的转化气，经过冷却、冷凝后组成如表 5-1 所示。

表 5-1　转化气的成分及比例

H_2	CO_2	CO	CH_3OH	H_2O
73％～74％	23％～24.5％	～1％	$300\mu g/kg$	饱和

该转化气很容易用变压吸附等技术分离提取纯氢。工艺流程如图 5-2 所示。

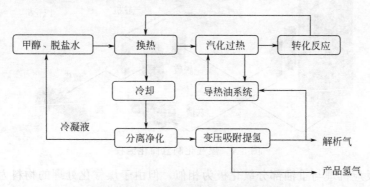

图 5-2　甲醇裂解制氢工艺流程图

甲醇和脱盐水按一定比例混合后，经换热器预热后送入汽化塔，汽化后的水甲醇蒸气经换热器过热后进入转化器，在催化剂床层进行催化裂解和变换反应，产出转化气含约 74％氢气和 24％二氧化碳，经换热、冷却冷凝后进入水洗吸收塔，塔釜收集未转化完的甲醇和水供循环使用，塔顶气送变压吸附装置提纯。

（3）煤制氢

煤炭经过气化、一氧化碳变换、酸性气体脱除、提纯等工序可以得到不同纯度的氢气。

煤制氢的核心是煤气化技术。

煤气化是指煤与气化剂在一定的温度、压力等条件下发生化学反应而转化为煤气的工艺过程，包括气化、除尘、脱硫、甲烷化、CO变换反应、酸性气体脱除等。

煤气化制氢主要包括三个过程：造气反应、水煤气变换反应、氢的纯化与压缩。气化反应如下：

$$C(s)+H_2O(g) \longrightarrow CO(g)+H_2(g)$$
$$CO(g)+H_2O(g) \longrightarrow CO_2+H_2(g)$$

图5-3所示为水煤气法制氢框图，图5-4所示为煤气化制氢简化流程。

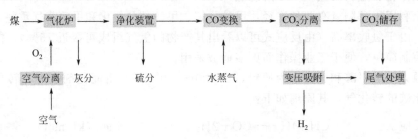

图5-3　水煤气法制氢框图

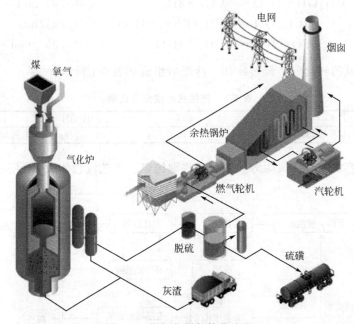

图5-4　煤气化制氢简化流程

煤气化的反应机理与重油部分氧化极为相似，但由于煤气化处理的物料为固体，且要除去大量灰分，因此过程要复杂得多。处理固体废料对生产费用有较大影响，并且难于将石化技术与设备用于煤气化，这在技术上又增加了煤气化的难度。

（4）重油部分氧化制氢

重油是炼油过程中的残余物，市场价值不高。重油部分氧化包括碳氢化合物与氧气、水蒸气反应生成氢气和碳氧化物，典型的部分氧化反应如下：

$$C_nH_m + O_2 \longrightarrow CO(g) + H_2(g)$$
$$C_nH_m + H_2O \longrightarrow CO(g) + H_2(g)$$
$$H_2O + CO \longrightarrow CO_2(g) + H_2(g)$$

　　该过程在一定的压力下进行，可以采用催化剂，也可以不采用催化剂，这取决于所选原料与过程。催化部分氧化通常是以甲烷或石脑油为主的低碳烃为原料，而非催化部分氧化则以重油为原料，反应温度在 1150～1315℃。与甲烷相比，重油的碳氢比较高，因此重油部分氧化制得的氢气主要来自蒸汽和一氧化碳，其中蒸汽贡献氢气的 69％。与天然气蒸汽转化制氢相比，重油部分氧化需要空分设备来制备纯氧。

5.2.2　水电解制氢

　　水电解制氢是一种较为方便的制取氢气的方法。在充满电解液的电解槽中通入直流电，水分子在电极上发生电化学反应，分解成氢气和氧气。反应遵循法拉第定律，气体产量与电流和通电时间成正比。

　　水电解制氢装置可以分为三类：碱性水电解、固体聚合物水电解和固体氧化物水电解。

　　碱性条件下化学反应：

$$阴极 \qquad 4H_2O + 4e^- == 2H_2\uparrow + 4OH^-$$

$$阳极 \qquad 4OH^- - 4e^- == 2H_2O + O_2\uparrow$$

$$总反应式 \qquad 2H_2O == 2H_2\uparrow + O_2\uparrow$$

　　酸性条件下化学反应：

$$阴极 \qquad 2H_2O - 4e^- == O_2\uparrow + 4H^+$$

$$阳极 \qquad 4H^+ + 4e^- == 2H_2\uparrow$$

　　碱性水电解技术最古老、成熟，操作简单，在目前使用的也最为广泛，其技术原理如图 5-5 所示。制氢装置如图 5-6 所示。

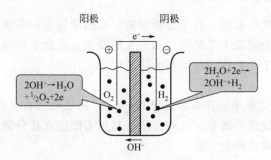

图 5-5　碱性水溶液电解制氢的原理

图 5-6　碱性水电解制氢的装置

　　采用 Ni 或 Ni 合金电极，效率约 75％。SPE 电解水技术的主要问题是质子交换膜和电极材料的价格昂贵。

5.2.3　生物质制氢

从制氢的角度，生物质能的利用途径主要有微生物转化和热化学转化两类，前者主要是产生液体燃料，如甲醇、乙醇及氢，后者为热化学转化，即在高温下通过化学方法将生物质转化为可燃的气体或液体。目前广泛被研究的是两大类：生物质的裂解（液化）和生物质气化。一般来说，后者更适用于生产含氢气体燃料。

（1）生物质气化制氢及含氢混合气

所谓气化是指将固体或液体燃料转化为气体燃料的热化学过程。为了提供反应的热力学条件，气化过程需要供给空气或氧气，使原料发生部分燃烧。尽可能将能量保留在反应后得到的可燃气中，气化后的产物是含 H_2、CO 及低分子 C_mH_n 等可燃性气体。

（2）微生物转化技术

1966 年，刘易斯（lewis）最先提出利用生物制氢的想法，到 20 世纪 70 年代能源危机的爆发，生物制氢的实用性和可行性才得到更多的重视。当前生物制氢的研究工作主要集中在以下两个方面：一是寻找产氢量高的光合细菌，如日本的 Miyake 等 1984 年筛选到的产氢紫色非硫光合细菌，平均产氢速率为 $18.4\mu L/(h \cdot mg$ 细胞干重)；二是致力于产氢工艺的研究，从而使生物制氢技术不断地向实用化阶段发展。

在生理代谢过程中能够产生分子氢的微生物可分为两个主要类群：光合产氢生物（绿藻、蓝细菌和光合细菌）和发酵产氢细菌。生物过程包括：①厌氧发酵产生甲烷为主的气体，然后加工为氢气；②利用某些微生物（如绿藻）的代谢功能，通过光化学分解反应产生氢。

5.2.4　太阳能制氢

利用太阳能生产氢气的系统，有光分解制氢、太阳能发电和电解水组合制氢系统。到目前为止，对太阳能制氢的研究主要集中在如下几种技术：热化学法制氢、光电化学分解法制氢、光催化法制氢、人工光合作用制氢和生物制氢。

（1）光催化法制氢

1972 年，日本东京大学 Fujishima A 和 Honda K 两位教授首次报告发现 TiO_2 单晶电极光催化分解水并产生氢气这一现象，从而揭示了利用太阳能直接分解水制氢的可能性，开辟了利用太阳能光解水制氢的研究道路。

以二氧化钛半导体光催化材料为例，当太阳光照射二氧化钛时，其价带上的电子（e^-）就会受激发跃迁至导带，同时在价带上产生相应的空穴（h^+），形成了电子空穴对。产生的电子（e^-）、空穴（h^+）在内部电场作用下分离并迁移到粒子表面。水在这种电子空穴对的作用下发生电离生成氢气和氧气。

具体的反应式如下：

$$H_2O + h^+ \longrightarrow \cdot OH + H^+ \tag{5-1}$$

$$OH^- + h^+ \longrightarrow \cdot OH \tag{5-2}$$

$$O_2 + e^- \longrightarrow \cdot O_2^- \tag{5-3}$$

$$H_2O + O_2^- \longrightarrow \cdot OOH + OH^- \tag{5-4}$$

$$2 \cdot OOH \longrightarrow \cdot O_2 + H_2O_2 \tag{5-5}$$

$$H_2O_2 + \cdot O_2^- \longrightarrow \cdot OH + OH^- + O_2 \tag{5-6}$$

技术研究的关键主要在光催化材料的研究方面。光催化材料要满足以下几个条件：①裂解水效率较高；②最好能利用太阳所有波段中的能量。光裂解水制氢以半导体为催化材料，一般为金属氧化物和金属硫化物，然而，目前研究者一般均选用二氧化钛作为光催化材料，氧化的稳定性好，但是由于二氧化钛的禁带宽度较宽，只能利用太阳光中的紫外光部分，而紫外光只占太阳光总能量的4%，如何减低光催化材料的禁带宽度，使之能利用太阳光中可见光部分（占太阳能总能量的43%），是太阳能裂解水制氢技术的关键。

（2）太阳能热分解水制氢

水在2000℃时可以直接离解为氢气和氧气。太阳能热分解水制氢（图5-7）就是利用太阳能高反射、高聚焦的聚光器收集太阳能，直接加热水，使其达到2000℃以上的温度，从而直接分解为氢气和氧气的过程。这种方法的主要问题是：①高温下氢气和氧气的分离；②高温太阳能反应器的材料问题。温度越高，水的分解效率越高，到大约4700K时，水分解反应的吉布斯函数接近于零。但与此同时，上述的两个问题也越难于解决。

Abraham Kogan教授从理论和试验上对太阳能直接热分解水制氢技术可行性进行了论证，并对如何提高高温反应器的制氢效率和开发更为稳定的多孔陶瓷膜反应器进行了研究。如果在水中加入催化剂，使水的分解过程按多步进行，就可以大大降低加热的温度。由于催化剂可以反复使用，因此这种制氢方法又叫热化学循环法。目前，科学家们已研究出100多种利用热化学循环制氢的方法，所采用的催化剂为卤族元素、某些金属及其化合物等。许多专家认为，热化学循环法是很有发展前景的制氢方法。

图 5-7　太阳能热分解水装置

（3）光电化学分解法制氢

太阳能光电化学分解水制氢是电池的电极在太阳光的照射下吸收太阳能，将光能转化为电能并能够维持恒定的电流，将水离解而获得氢气的过程。典型的光电化学分解太阳电池由光阳极和阴极构成，在电解质存在下，光阳极吸光后在半导体带上产生的电子通过外电路流向阴极，水中的氢离子从阴极上接受电子产生氢气。光阳极通常为光半导体材料，受光激发可以产生电子空穴对。

半导体光阳极是影响制氢效率最关键的因素。光阳极材料研究得最多的是二氧化钛。二氧化钛作为光阳极，耐光腐蚀，化学稳定性好。而它禁带宽度大，只能吸收波长小于387nm的光子。目前主要的解决途径就是掺杂与表面修饰。要使分解水的反应发生，最少需要1.23V的能量，二氧化钛的禁带宽度为3eV，把它用作太阳能光电化学制氢系统的阳极，能够产生0.7~0.9V的电压，因此要使水裂解必须施加一定的偏压。

（4）人工光合作用制氢

人工光合作用是模拟植物的光合作用，利用太阳光制氢。具体的过程为：首先，利用金属络合物使水中分解出电子和氢离子；然后，利用太阳能提高电子能量，使它能和水中的氢离子起光合作用以产生氢。人工光合作用过程和水电解相似，只不过利用太阳能代替了电能。目前还只能在实验室中制备出微量的氢气，光能的利用率也只有15%~16%。

5.2.5　氢分离与提纯

氢气的提纯方法可分为物理法和化学法，其中化学法包括催化钝化，物理法包括低温吸附法、金属氢化物净化法、变压吸附法，此外还有钯膜扩散法、中空纤维膜扩散法等。目前，回收氢气的工业方法有变压吸附法、膜分离法和深冷分离法等。进一步提纯氢气可采用钯膜、深冷吸附与变温吸附法。

（1）变压吸附

变压吸附是根据常温下吸附剂对氢气中杂质组分在两种压力下的吸附容量不同而进行气体分离的，以达到纯化氢气的目的。变压吸附法的优点是原料范围广，化肥厂尾气、炼油厂石油干气、乙烯尾气等都可作为含氢气源；能一次性去除氢气中的多种杂质成分，简化了工艺流程；吸附剂寿命长，并且对环境无污染。

（2）膜分离法

气体膜分离技术是利用不同气体通过某一特定膜的透过速率不同而实现物质分离的一种化工单元操作，它主要用于各种混合气体的分离，其传质推动力为膜两端的分压差，分离过程无相变，因此能耗较低，分离过程容易实现；如果气源本身就有压力，分离过程的经济性更加明显。氢提纯系统就是利用氢气通过膜的速度较快的特点，实现氢气和其他有机小分子的分离。气体分离膜按材料，可以分为无机膜和有机膜；按膜形态的不同，又分为多孔膜和致密膜，其中多孔膜可分为对称膜和不对称膜。

（3）本菲尔法

该方法在碳酸钾溶液中加入二乙醇胺作为活化剂，加入五氧化二钒作为腐蚀防护剂。由于活化剂二乙醇胺的加入，使反应速率大大加快，溶液循环量相应大幅减少，投资和操作费用大大降低，同时还提高了气体的净化度。

（4）深冷分离

深冷分离法又称低温精馏法，实质就是气体液化技术。通常采用机械方法，如用节流膨胀或绝热膨胀等法可得低达－210℃的低温；用绝热退磁法可得1K以下的低温。深冷分离法具有氢回收率高的优点，但压缩、冷却的能耗大。

（5）采用钯膜、深冷吸附与变温吸附进一步提纯氢气

钯膜能将4个9至5个9的氢气提纯至6个9。钯膜使用寿命约1年，钯膜要求进口压力在1.5～2.0MPa范围内。

深冷吸附能将氢气提纯至9个9以上，运行成本极低，平均电耗低于0.5kW·h/h。吸附柱使用寿命15年。

变温吸附初始使用时效果很好，但使用后效率有衰减，切换频率提高较快。吸附剂使用寿命约1～2年。通常用碳吸附剂。使用效果不好时可能有碳带入。

【可练习项目】

（1）查询资料，设计一个太阳能制氢气的模拟试验，完成流程图。

（2）查阅资料，总结现阶段新能源制备氢气的几种方法。

5.3 氢的储存

知识目标

① 了解存储氢气的方式。

② 了解管道输送氢气的方式。

③ 了解氢气加注站的有关问题。

【知识描述】

5.3.1　氢的存储方式

氢气的存储方法主要有压缩储氢、液化储氢、金属氢化物储氢和碳质吸附储氢。目前，技术成熟、使用广泛、简单的方式有两种：压缩气方式和液化方式。

(1) 压缩储氢

压缩方式是指将氢气以气态的形式压入钢瓶中实现存储。相比于液化方式存储，压缩气方式可以实现常温存储。压缩方式存储氢，存储密度由存储压力直接决定。

目前用于压缩氢气存储的钢瓶已经可以承受最高 800 倍大气压，在这个压力下，氢气的存储密度可达 $33kg/m^3$。但是，这种方法容易产生氢脆。由于氢的分子量极小，在极高的气压下，氢气会溶解于钢中，形成氢分子，造成应力集中，超过钢的强度极限，在钢的内部形成细小裂纹，又称白点。氢脆现象只能预防，一旦发生不可消除，使得储氢罐的安全性降低。由实际气体的特性可知，同等体积下，当气压较高时，气体的摩尔体积比将偏离理想气体定律而出现明显下降，氢气的存储密度将很难再提高。

(2) 液化储氢

液化方式储氢解决了压缩气方式存储密度低、存储压力高的缺点。在低于 $-253℃$ 的临界温度下，氢气可以在常压下液化为白色液体，其密度将高达 $71kg/m^3$，同时具备了低存储压力和高存储密度的特点，很适合大规模储氢。但是该方法对温度要求较高，液态的氢在存储过程中必须始终保持低温，一旦温度高于临界温度，氢就会迅速气化，在瞬间对容器产生极大的压力，极易发生爆炸。

(3) 金属氢化物储氢

金属氢化物储氢是化学法储氢。化学方法使氢气与存储介质发生化学反应，使氢气以氢化物的形式被存储。其中，存储介质可以是金属或非金属，也可以是复杂的络合物。

要想用于储存氢气，这种介质对应的氢化物必须至少能反复形成和分解，且反应条件不能过于苛刻。从元素周期表上来看，这种氢化物种类非常多，比如 MgH_2、LiH_2、$LiAlH_4$ 等，但综合考虑稳定性、反应条件及存储密度后，最合适的氢化物却不多。这里面有比较复杂的 Mg_2FeH_6、$LiBH_4$，也有简单的 MgH_2，它们的储氢密度均比碳纳米管储氢密度高。以 Mg_2FeH_6 为例，其氢的质量分数约为 5%，存储密度可达 $150kg/m^3$。

举例：若要存储 4kg 氢气，用压缩气方式，在 200 倍大气压的存储压力下，存储体积约为 110L，氢液化后体积减少至 57L。以碳纳米管为介质将氢气吸收后，存储体积进一步降至 30L，采用镁和铁为介质，将氢转化为 Mg_2FeH_6 后，存储体积仅剩 26L。可见，介质法储氢能有效降低氢的存储体积。而且氢以分子或原子形式存在于其他介质中，稳定性更高。除了存取速度比前两种方式慢以外，介质法储氢具有很大的优势。

(4) 碳质吸附储氢

碳质吸附储氢即物理法储氢，即以高压将氢压入介质表面或介质内部。所用到的介质主要为碳纳米管，因为它具有较大的表面积和独特的空腔结构，无论是吸附性还是容纳性都很不错。有实验表明，将氢气和碳纳米管置于 500Torr（1Torr＝133.322Pa）和常温之中，碳纳米管中氢的质量分数可以达到 6.5%。典型状态下，其氢的质量分数为 5%，存储密度为 $132.4kg/m^3$。可以看到，该存储密度已达液态氢的 2 倍，因此此种储氢方法可以大为缩小储存体积。事实上，碳纳米管的吸附能力还有很大的改进空间。将金属有机骨架材料作为掺杂物质加入碳纳米管中,可以有效改进碳纳米管的吸附能力。例如,将 MOFs 与单壁碳纳米管 SWNT 混合,其在 77K 低温常压下,单个分子所吸收的氢分子数可以从 7 个增长到平均 203.26 个,存储密度可以大为提高。此外,采用碳纳米管储氢还具有储存和释放速度快的优势,适合需要快速存取且存量大的氢气存储。

5.3.2　氢的加注

(1) 加氢站

氢气加注设施(加氢站)是燃料电池汽车发展的重要支撑。2003 年年底在美国成立的"氢能经济国际合作伙伴"(IPHE)是政府间组织,目标之一是到 2020 年,建成遍及世界各地的加氢站。

目前的加氢站主要集中在欧美地区和日本,采用的燃料形式主要分为液氢和压缩气体氢气。多数氢气加注需要利用高压氢气为原料,即压缩氢气的加氢站。此类加氢站主要包括气体输送和在站制氢两种。在站制氢主要有两种方式:天然气水蒸气重整和水电解制氢。目前国外已有的加氢站主要以水电解制氢为主,少部分采用天然气水蒸气重整制氢。各种制氢工艺中,以天然气现场制氢的经济性最好,电解水制氢次之。考虑到燃料电池汽车对氢气质量的苛刻要求,目前国外已有的加氢站主要以水电解制氢为主。

一个标准的氢气加注站系统的基本构成为氢源(输送或站内制氢)、氢气压缩机、储氢罐、加注器,此外还有高压阀门组件和安全及控制系统等。基本流程如图 5-8 所示。

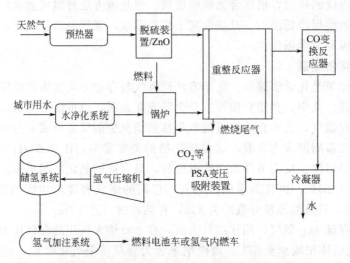

图 5-8　天然气重整氢气加注站系统流程示意图

现在的天然气交通工具通常将氢气以压缩的形式储存在 20.7～24.8MPa 的压力下。然而,由于氢气的密度比较低,以氢为燃料的燃料电池交通工具要求在更高的压力下压缩储存氢气,如 34.5MPa 或更高,以便储藏系统可以更容易安装在交通工具中。氢气加注器是一个相对独立的装置,类似于 CNG 加注器,但操作压力更高,安全措施更复杂。

以水为原料的加氢站结构和天然气重整加氢站相比要简单得多,氢气压缩机、加注站、储氢系统、氢气加注系统与其基本相同。

(2) 加氢站安全

加注氢系统必须设有可靠的防静电设施,防止因产生静电引起着火爆炸事故。加注氢系统的设备、管道及附件应有可靠的防渗透、泄漏措施。加注氢气的场所应设可靠的排风装

置，及时排除泄漏的氢气。加注系统及场所的所有电器按有关规范、标准防爆，按有关规
定、标准设置必要的防雷保护设施。

【可练习项目】

（1）举例说明生活中常见的氢气的存储方式。

（2）查阅资料，总结氢气存放注意事项。

5.4　氢能安全

知识目标

　① 了解氢的固有危险特性。

　② 了解氢的安全处理和防护。

【知识描述】

5.4.1　氢的固有危险特性

（1）容易和空气或氧气混合燃烧或爆炸

当氢与空气的可燃混合物遇到强烈的火源，如明火、爆炸物或爆震管等时容易酿成燃烧
剧烈的火灾。

（2）氢脆的危害

氢的化学活泼性与渗透能力使它能与多种金属发生反应，造成金属组织的脆化，即所谓
氢脆。氢脆是造成储氢系统的泄漏和管道容器破裂的部分原因。

（3）氢对人有窒息作用

当空气中含氧量被氢稀释到 12%～14% 时，人的脉搏加速、呼吸困难。含氧量降到
10%～12% 时，嘴唇发紫，知觉失灵。含氧量降低到 8%～10% 时，神志不清，脸色苍白。
人体如在含氧 6%～8% 环境中逗留 8min 就会死亡。

5.4.2　氢的安全处理和防护

防止漏氢、消灭火源及保持通风，是保障安全使用氢气的三大要求。对于液氢，尚需对
管道、容器彻底清除其中的空气和氧气等杂质。液氢储罐要尽量安置在开阔的场地中，避免
在封闭的房间内储存液氢或氢气。条件许可，可以采用露天作业。建议采用如下安全措施。

① 保持密封，严防泄漏　漏氢的典型地点是阀门、法兰以及各种密封和连接之处。为
此，必须对这些有可能漏氢的地方装设有固定的氢敏器件，进行严密检查或随时由保安工作
人员用灵敏的监察仪表巡回检查。

② 隔离和控制火源　各种明火在现场中一律严禁，静电效应、钉鞋和地面的摩擦等也
在控制之列。静电成为危险的火源。为了防止万一，必须在车间或现场附近布置灭火器材及
消防用具（包括消防车辆）。

③ 保持良好的通风环境。

④ 彻底置换，建立严格的清洗制度　在对系统每次输氢前后，必须把设备中残存的空气或氧气彻底清洗出去。另一种清洗方法是利用一种惰性气体充入容器，使其中压力提高，然后把生成混合物排放到器外。

⑤ 装置可靠的放气阀与防爆系统　为保证容器安全，必须在容器之上装置安全放气阀和防爆阀门。当容器内气压超过规定界限时，系统就会自动把部分挥发的高压氢气释放到大气，或在紧急的情况下促使安全防爆门破裂，将氢放走。

⑥ 规定安全距离，构筑防护区域，采用专列运输　液氢的铁路或公路槽车运输必须采用专列并配备足够的消防措施。要指派有经验的技术人员专门押送。

⑦ 选用合适材料，保证装配工艺，防止材料变质　选择合适的结构材料，使其在有氢的工作温度下具有足够的强度。要考虑材料在工作条件下的氢脆。

⑧ 配备准确可靠的安全检测仪表。除了漏氢自动检查器外，一般尚需要有精确的压力表、温度计、流量计、液氢的液面高度计、取样分析仪器以及各种精确的报警器。

⑨ 建立安全操作规程并严格执行　订立及执行标准的操作规程和安全法规，是保证设备安全可靠运行的重要措施。

【可练习项目】

(1) 安全用氢的主要关键是什么？

(2) 查阅资料，总结氢气安全防护注意事项。

参考文献

[1] 张翅远，王华，何方，张兴雪．甲烷部分氧化制氢机理及方法．能源工程，2005，6.

[2] 孙巍，毛宗强．光催化制氢技术的研究进展．能源研究与管理，2012，4.

[3] 王革华．新能源概论．北京：化学工业出版社，2013.

第 **6** 章

燃料电池开发与利用技术

6.1 燃料电池基础

① 了解燃料电池的结构与特点。
② 了解燃料电池的原理。
③ 了解燃料电池的分类。

【知识描述】

燃料电池作为氢能的转化装置，是氢能终端应用的关键技术。燃料电池的最大特点是由于反应过程不涉及到燃烧，因此其能量转换效率不受"卡诺循环"的限制，能量转换效率高达 $60\%\sim80\%$，实际使用效率是普通内燃机的 $2\sim3$ 倍。燃料电池被认为是 21 世纪全新的高效率、节能、环保的发电方式之一。

6.1.1 燃料电池原理及特点

（1）燃料电池原理

燃料电池的原理可以看作是一种电化学装置，其组成与一般电池相同。其单体电池是由正负两个电极（负极即燃料电极，正极即氧化剂电极）以及电解质组成。不同的是一般电池的活性物质储存在电池内部，因此限制了电池容量。而燃料电池的正、负极本身不包含活性物质，只是个催化转换元件，因此燃料电池是名副其实的把化学能转化为电能的能量转换机器。电池工作时，燃料和氧化剂由外部供给，进行反应。原则上只要反应物不断输入，反应产物不断排出，燃料电池就能连续地发电。

燃料电池含有阴、阳两个电极，分别充满电解液，两个电极间则为具有渗透性的薄膜所构成。氢气由阳极进入作为燃料，氧气（或空气）由阴极进入电池。经由催化剂的作用，使得阳极的氢原子分解成氢质子与电子，其中质子进入电解液中被"吸引"到薄膜的另一边，电子经由外电路形成电流后到达阴极。在阴极催化剂的作用下，氢质子、氧及电子发生反应形成水分子。这正是水的电解反应的逆过程，因此水是燃料电池唯一的排放物。

燃料电池的燃料和氧化剂储存在电池外部的储罐中。当它工作（输出电流并做功）时，需要不间断地向电池内输入燃料和氧化剂，并同时排出反应产物。因此，从工作方式上看，它类似于常规的汽油或柴油发电机。

由于燃料电池工作时要连续不断地向电池内送入燃料和氧化剂，所以燃料电池使用的燃料和氧化剂均为流体（即气体和液体）。最常用的燃料为纯氢、各种富含氢的气体（如重整气）和某些液体（如甲醇水溶液）。常用的氧化剂为纯氧、净化空气等气体和某些液体（如过氧化氢和硝酸的水溶液等）。

（2）燃料电池的特点

① 高效　电池按电化学原理等温地直接将化学能转化为电能。理论上它的热电转化效率可达 85%～90%。而目前各类电池实际的能量转化效率均在 40%～60% 的范围内。若实现热电联供，燃料的总利用率可高达 80% 以上。

② 环境友好　由于燃料电池具有高的能量转换效率，其二氧化碳的排放量比热机过程减少 40% 以上。当燃料电池以纯氢为燃料时，它的化学反应产物仅为水。

③ 安静　燃料电池可以省去传动部件，噪声很低。实验表明，距离 40kW 电站 4.6m 的噪声水平是 60dB，而 4.5kW 和 11kW 磷酸燃料电池电站的噪声水平已达到不高于 55dB。

④ 可靠性高　由于内部没有机械传动部件，燃料电池的使用可靠性也得到提高，碱性燃料电池和磷酸燃料电池的运行均证明燃料电池的运行高度可靠，可作为各种应急电源和不间断电源使用。

⑤ 容量可调，使用方便　与普通电池不同，燃料电池的功率（决定于其尺寸）和电容量（决定于燃料箱尺寸）均可方便地调节。发电量可从 1W（手机）到兆瓦（燃料电池电站）。相比普通电池，可提供更高的能量密度，补充燃料即可重新发电。

价格和成本，是当前燃料电池使用的最大障碍。氢燃料的可获性及其储存是燃料电池应用的另一问题。燃料电池的应用限制，如操作温度的匹配性及稳定性问题、一些燃料电池的潜在的环境毒性、多次启动停机循环使用后燃料电池的寿命问题。上述问题的解决，将会促进燃料电池更广泛地应用。

6.1.2　燃料电池的结构与分类

（1）燃料电池的组成结构

燃料电池的主要构成组件为电极、电解质隔膜与集电器等。

① 电极　燃料电池的电极是燃料发生氧化反应与氧化剂发生还原反应的电化学反应场所，其性能的好坏关键在于触媒的性能、电极的材料与电极的制程等。

电极主要可分为两部分，其一为阳极，另一为阴极，厚度一般为 200～500mm；其结构与一般电池的平板电极不同之处，在于燃料电池的电极为多孔结构。由于燃料电池所使用的燃料及氧化剂大多为气体（例如氧气、氢气等），而气体在电解质中的溶解度并不高，为了提高燃料电池的实际工作电流密度与降低极化作用，故发展出多孔结构的电极，以增加参与反应的电极表面积。

目前高温燃料电池的电极主要是以触媒材料制成，例如固态氧化物燃料电池（简称SOFC）的 Y_2O_3-stabilized-ZrO_2（简称 YSZ）及熔融碳酸盐燃料电池（简称 MCFC）的氧化镍电极等，而低温燃料电池则主要是由气体扩散层支撑一薄层触媒材料而构成，例如磷酸燃料电池（简称 PAFC）与质子交换膜燃料电池（简称 PEMFC）的白金电极等。

② 电解质隔膜　电解质隔膜的主要功能在分隔氧化剂与还原剂并传导离子，故电解质隔膜在保证强度的前提下越薄越好，现阶段一般厚度约在数十毫米至数百毫米。材质主要有两类：一是先以石棉膜、碳化硅（SiC）膜、铝酸锂（$LiAlO_3$）膜等绝缘材料制成的多孔隔膜，再浸入熔融锂-钾碳酸盐、氢氧化钾与磷酸等中，使其附着在隔膜孔内；另一种则是采用全氟磺酸树脂（例如 PEMFC）及 YSZ（例如 SOFC）。

③ 集电器　集电器又称作双极板，具有收集电流、分隔氧化剂与还原剂、疏导反应气体等的功用。集电器的性能主要取决于其材料特性、流场设计及其加工技术。

（2）燃料电池的分类

燃料电池的种类按不同的方法可大致分类如下。

① 按其开发早晚顺序，把 PAFC 称为第一代燃料电池，MCFC 称为第二代燃料电池，SOFC 称为第三代燃料电池。这些电池均需用可燃气体作为其发电用的燃料。

② 按燃料电池的运行机理，分为酸性燃料电池和碱性燃料电池。

③ 按电解质的类型不同，可分为碱型、磷酸型、聚合物型、熔融碳酸盐型、固体电解质型燃料电池，如碱性燃料电池（AFC）、磷酸燃料电池（PAFC）、熔融碳酸盐燃料电池（MCFC）、固体氧化物燃料电池（SOFC）、质子交换膜燃料电池（PEMFC）等。

④ 按燃料类型分，有氢气、甲醇、甲烷、乙烷、甲苯、丁烯、丁烷等气体燃料，汽油、柴油和天然气等化石燃料。化石燃料和气体燃料必须经过重整器"重整"为氢气后，才能成为燃料电池的燃料。

⑤ 按燃料电池工作温度分，有低温型，温度低于 200℃；中温型，温度为 200～750℃；高温型，温度高于 750℃。

碱性燃料电池（AFC，工作温度为 100℃）、固体高分子型质子膜燃料电池（PEMFC，也称为质子膜燃料电池，工作温度为 100℃ 以内）和磷酸型燃料电池（PAFC，工作温度为 200℃），称为低温燃料电池。

熔融碳酸盐燃料电池（MCFC，工作温度为 650℃）和固体氧化物燃料电池（SOFC，工作温度为 1000℃），称为高温燃料电池。

⑥ 按燃料的处理方式的不同，可分为直接式、间接式和再生式。直接式燃料电池按温度的不同，又可分为低温、中温和高温三种类型。间接式的包括重整式燃料电池和生物燃料电池。再生式燃料电池中有光、电、热、放射化学燃料电池等。

6.1.3　燃料电池的基本工作过程

由图 6-1 可以看出燃料电池工作过程的几个主要步骤，具体如下。

第一步，反应物输送　对于燃料电池，如果想产生电流，必须持续不断地输入燃料和氧化剂，这看起来很简单，实际过程却很复杂。

燃料电池工作时，对反应物的要求很高，如果补充不到足够的反应物，装置就无法高效运转。如使用流场板及多孔电极，可以有效输送反应物。流场板上面有许多微小通道或者小槽，可以携带气流并将其分配到电池表面。燃料电池的形状、大小和流通渠道的模式，可以大大影响其性能。

第二步，电化学反应　一旦反应物输送到电极上，必将发生电化学反应，燃料电池产生的电流强弱与电化学反应过程的快慢有直接关系，快的电化学反应可以产生高的电流输出，慢的电化学反应则产生低的电流输出。由于希望得到高的电流输出，催化剂通常被用于加快电化学反应速度和效率。燃料电池的效率严格依赖于催化剂的选择以及反应区域的精细设

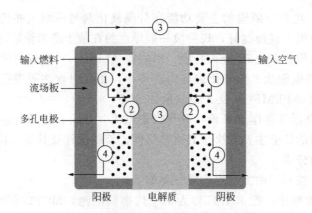

图 6-1　燃料电池工作主要步骤演示图
① 反应物输送；② 电化学反应；③ 离子或电子传导；④ 副产物去除

计。电化学反应的动力学快慢是决定燃料电池性能的最大限制步骤。

第三步，离子或电子传导　第二步发生的电化学反应既可以产生也可以消耗离子和电子。为了保持电荷平衡，这些离子和电子必须从产生的地方输送到被消耗的地方，对于电子来说这种输送很容易，只要导电路径存在，电子就可以从一个电极到另一个电极。因为离子更大且数量比电子更多，传递更困难，需要电解质来为离子传递提供路径。在许多电解质里，离子运动通过"跳跃"的机理，与电子传递相比这个过程效率低得多，产生了阻力损失，降低了燃料电池的性能。为了避免这种效应，电解质燃料电池在制作时尽可能地薄，以减小离子传递的距离。

第四步，副产物去除　除了电，燃料电池至少产生一种副产物。氢氧燃料电池产生水，碳氢燃料电池一般会生成水和 CO_2。如果不去除这些副产物，它们会逐渐积累下来，并最终损坏燃料电池，阻止新的燃料和氧化物反应。输送反应物到燃料电池的过程，同时也有助于副产物的去除。通常情况下，产物水去除经常被忽视掉。然而对于特定的燃料电池，如PEMFC，产物水甚至有可能淹没电极表面的活性位点，并导致气体传质受阻。因此，水管理是燃料电池研究的重要课题。

6.1.4　燃料电池系统

因为单个燃料电池在正常电流水平只能提供 0.6～0.7V 的电压，需要组成燃料电池组。一个燃料电池系统通常包括带有一套附属配件的燃料电池组。配件包括提供燃料供应、冷却、功率调节、系统监控等装置。通常这些附属装置所占用的空间比燃料电池单元本身要多。这些从燃料电池系统中提取电能的装置，被称为附加能量装置或寄生能量装置。

燃料电池系统所包含的主要子系统为燃料电池堆子系统、热管理子系统、燃料传输/处理子系统和电力电子子系统。第三和第四个子系统关系到燃料的选择、储存和输送，而第四个系统则涉及到电力调节和电力转化，如使得输出电压稳定，或将直流电调节为交流电。参阅图 6-2。

(1) 燃料电池堆子系统

单个燃料电池的电压局限在大约 1V，在一定负载下单个氢燃料电池的输出电压通常应为 0.6～0.7V。怎样才能用 0.6V 的燃料电池满足实际应用所需的高电压呢？一种方式是

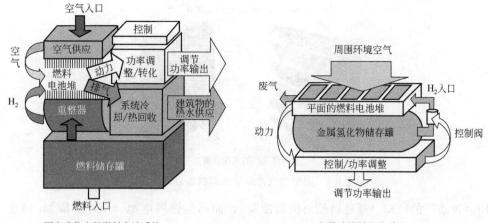

(a) 固定式住宅级燃料电池系统　　　　　　(b) 便携式燃料电池系统

图 6-2　燃料电池系统示意图

将多个燃料电池串联起来，串联连接，电压就为多个电池电压的总和。这项称为燃料电池"堆叠"的技术，实现了燃料电池系统对任何电压的需要。

除了增加电压，这种堆积的设计还需要满足以下要求：简单且低成本的制造；电池间的低电能损失连接；有效的气体流通方案（以提供反应气体的均匀分布）；有效的冷却设计（针对高功率的电池堆）；可靠的电池间密封方案。

图 6-3 给出了最常用的燃料电池互连形式，称为立式或双极板式堆积。在这种结构中，一个单独的导电流场极板与一个电池的燃料电极和另一燃料电池的氧化电极相连，使电池串联在一起。这个极板既是其中一个电池的阴极，也是另一个电池的阳极，因此称为双极板（图 6-4）。双极堆叠结构类似于手电筒里两节电池的首尾堆叠。这种双极堆叠电池具有直接实现电池间电学连接的优点，同时由于电池间较大的电接触面积而使电阻损失很小，另外此双极板设计使得燃料电池堆叠非常坚固。绝大部分传统的 PEMFC 电池堆都采用这种结构。

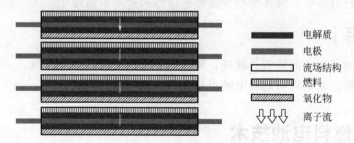

	电解质
	电极
	流场结构
	燃料
	氧化物
⇓⇓⇓	离子流

图 6-3　立式电池堆连接

（2）热管理子系统

燃料电池通常在正常功率密度条件下运行时，只能达到 30% ～ 60% 的电效率。没有转化为电能的能量以热量的形式散发了。如果热量产生率太高，燃料电池堆就会出现过热。如果对电池堆的冷却不充分，将会超过理想运行温度的上限，或者堆内的温度梯度就会上升。堆内的温度梯度将导致各个电池在不同电压下运行，从而对其性能有着负面的影响。在这种情况下，燃料电池需要充分有效地冷却以保持优化的运行温度，同时也避免堆内温度梯度的产生。

燃料电池的类型和尺寸主要决定了对冷却的要求。小型低温燃料电池（如 PEMFC）通

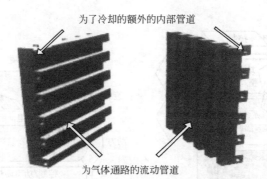

为了冷却的额外的内部管道

为气体通路的流动管道

图 6-4　附带空气冷却管的双极板设计图例

常使用"被动"的冷却（通过自然对流而冷却），而高温燃料电池（SOFC 和 MCFC）和大型低温燃料电池（如 PEMFC 和 PAFC）则需要"主动"的冷却（通过强制对流冷却）。高功率密度的车用电池堆需要主动的液体冷却。

小型低功率便携式 PEMFC 系统（＜100W）通常不需要冷却设备，而是利用周围环境自然冷却。随着燃料电池尺寸的减小，表面积-体积比增大。利用流动的反应物和生成物的自然冷却，以及由堆壁和周围空气通过自然对流而实现的热量传输，对于实现燃料电池内部的热量平衡是足够的。

较大型便携式系统（＞100W）通常需要液体强制对流冷却。高功率密度的电池堆通常采用主动的液体冷却来代替主动的气体冷却（如空气），例如燃料电池堆在汽车上的应用受到体积的限制时，使用主动的液体冷却。绝大部分汽车用燃料电池堆（50～90kW）是液体冷却的，有一部分使用水和乙二醇的混合物。

高温燃料电池如 MCFC 和 SOFC，需要较高的运行温度，因此冷却问题不是很重要，电池组对过热也不是很敏感。事实上产生的热量通常会被有效地利用，可以提供电池自己内部电化学反应所需的热量；预热进来的气体，为必要的上游化学反应如重整反应提供热量。在正常的运行过程中，额外的空气流就足以冷却这些电池堆了。

【可练习项目】

（1）观察铅酸蓄电池的外观、极柱，用万用表测试铅酸蓄电池电压。

（2）查阅资料，举例说明燃料电池市场化应用的情况。

6.2　各类燃料电池技术

知识目标

① 了解碱性燃料电池的技术。

② 了解磷酸型燃料电池技术。

③ 了解质子交换膜燃料电池技术。

④ 了解熔融碳酸盐燃料电池技术。

⑤ 了解固体氧化物燃料电池技术。

【知识描述】

6.2.1 碱性燃料电池

碱性燃料电池（alkaline fuel cell，AFC）使用的电解质为水溶液或稳定的氢氧化钾基质，且电化学反应也与羟基（—OH）从阴极移动到阳极与氢反应生成水和电子略有不同，这些电子是用来为外部电路提供能量，然后才回到阴极与氧和水反应生成更多的羟基离子。电极上的反应为：

负极反应 $\qquad 2H_2 + 4OH^- \longrightarrow 4\ H_2O + 4e^-$

正极反应 $\qquad O_2 + 2H_2O + 4e^- \longrightarrow 4OH^-$

碱性燃料电池分中温型（523K）与低温型（低于 373K）两种。电池结构大致分为使电解液保持在多孔质基体中的基体型和自由电解液型。基体型 AFC 具有调节增减电解液用量的储液部件，装有冷却板，并构成叠层结构。典型的电解液保持体材料有石棉膜。如同质子交换膜燃料电池一样，碱性燃料电池对能污染催化剂的一氧化碳和其他杂质也非常敏感。此外，其原料不能含有二氧化碳，因为二氧化碳能与氢氧化钾电解质反应生成碳酸钾，降低电池的性能。图 6-5 为碱性燃料电池的结构与实物。

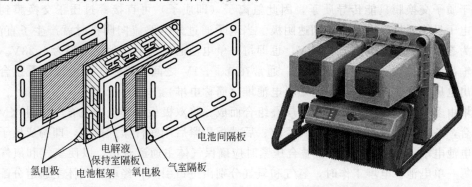

氢电极　电池框架　氧电极　气室隔板
电解液
保持室隔板　　　　　电池间隔板

图 6-5　碱性燃料电池的结构（自由电解质型）与实物

6.2.2 磷酸型燃料电池

磷酸燃料电池（PAFC）是当前商业化发展最快的一种燃料电池，使用液体磷酸为电解质，通常位于碳化硅基质中。磷酸燃料电池的工作温度位于 150～200℃。

电池中采用的是 100％磷酸电解质，其常温下是固体，相变温度是 42℃。氢气燃料被加入到阳极，在催化剂作用下被氧化成为质子，同时释放出 2 个自由电子。氢质子和磷酸结合成磷酸水合质子，向正极移动。电子向正极运动，而水合质子通过磷酸电解质向阴极移动，因此，在正极上，电子、水合质子和氧气在催化剂的作用下生成水分子。具体的电极反应表达如下：

负极反应 $\qquad H_2 \longrightarrow 2\ H^+ + 2e^-$

正极反应 $\qquad O_2 + 4H^+ + 4e^- \longrightarrow 2H_2O$

总反应 $\qquad O_2 + 2H_2 \longrightarrow 2H_2O$

磷酸燃料电池一般工作在 200℃ 左右，采用铂作为催化剂，效率达到 40％以上。由于不受二氧化碳限制，磷酸燃料电池可以使用空气作为阴极反应气体，也可以采用重整气作为燃

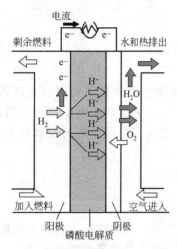

图 6-6 磷酸型燃料电池工作
原理的示意图

料，这使得它非常适合用作固定电极。较高的工作温度也使其对杂质的耐受性较强，当其反应物中含有 $1\%\sim2\%$ 的一氧化碳和百万分之几的硫时，磷酸燃料电池照样可以工作。参阅图 6-6。

6.2.3　质子交换膜燃料电池

质子交换膜燃料电池（proton exchange membrane fuel cell）在原理上相当于水电解的"逆"装置。其单电池由阳极、阴极和质子交换膜组成，阳极为氢燃料发生氧化的场所，阴极为氧化剂还原的场所，两极都含有加速电极电化学反应的催化剂，质子交换膜作为传递 H^+ 的介质，只允许 H^+ 通过。工作时相当于一直流电源，阳极即电源负极，阴极即电源正极。

两电极的反应分别为：

阳极（负极）　　　　　$2H_2 \longrightarrow 4H^+ + 4e^-$

阴极（正极）　　$O_2 + 4H^+ + 4e^- \longrightarrow 2H_2O$

由于质子交换膜只能传导质子，因此氢离子（即质子）可直接穿过质子交换膜到达阴极，而电子只能通过外电路才能到达阴极。当电子通过外电路流向阴极时就产生了直流电。以阳极为参考时，阴极电位为 1.23V，也即每一单电池的发电电压理论上限为 1.23V。接有负载时输出电压取决于输出电流密度，通常在 $0.5\sim1V$ 之间。将多个单电池层叠组合就能构成输出电压满足实际负载需要的燃料电池堆（简称电堆）。

电堆由多个单体电池以串联方式层叠组合而成。将双极板与膜电极三合一组件（MEA）交替叠合，各单体之间嵌入密封件，经前、后端板压紧后用螺杆紧固拴牢，即构成质子交换膜燃料电池电堆，如图 6-7 所示。叠合压紧时应确保气体主通道对正，以便氢气和氧气能顺利通达每一单电池。电堆工作时，氢气和氧气分别由进口引入，经电堆气体主通道分配至各单电池的双极板，经双极板导流均匀分配至电极，通过电极支撑体与催化剂接触进行电化学反应。

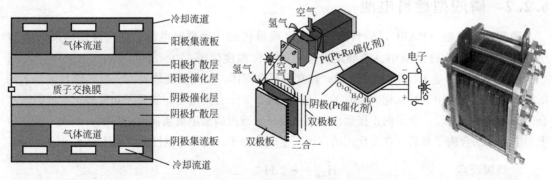

图 6-7　质子交换膜燃料电池结构示意图

电堆的核心是 MEA 组件和双极板。MEA 是将两张喷涂有 Nafion 溶液及 Pt 催化剂的碳纤维纸电极分别置于经预处理的质子交换膜两侧，使催化剂靠近质子交换膜，在一定温度和压力下模压制成。

双极板常用石墨板材料制作，具有高密度、高强度，无穿孔性漏气，在高压强下无变形，导电、导热性能优良，与电极相容性好等特点。常用石墨双极板厚度约 $2\sim3.7\,\mathrm{mm}$，经铣床加工成具有一定形状的导流流体槽及流体通道，其流道设计和加工工艺与电池性能密切相关。

质子交换膜（PEM）是质子交换膜燃料电池的核心部件，是一种厚度仅为 $50\sim180\,\mu\mathrm{m}$ 的薄膜片，其微观结构非常复杂。它为质子传递提供通道，同时作为隔膜将阳极的燃料与阴极的氧化剂隔开，其性能好坏直接影响电池的性能和寿命。它与一般化学电源中使用的隔膜有很大不同，它不只是一种隔离阴阳极反应气体的隔膜材料，还是电解质和电极活性物质（电催化剂）的基底，即兼有隔膜和电解质的作用。另外，PEM 还是一种选择透过性膜，在一定的温度和湿度条件下具有可选择的透过性，在质子交换膜的高分子结构中，含有多种离子基团，它只容许氢离子（氢质子）透过，而不容许氢分子及其他离子透过。质子交换膜的物理、化学性质对燃料电池的性能具有极大的影响。对性能造成影响的质子交换膜的物理性质主要有膜的厚度和单位面积质量、膜的抗拉强度、膜的含水率和膜的溶胀度。质子交换膜的电化学性质主要表现在膜的导电性能（电阻率、面电阻，电导率）和选择通过性能（透过性参数 P）上。

图 6-8 为质子交换膜的结构原理和实物图。

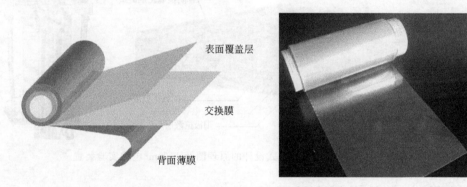

图 6-8　质子交换膜的结构原理和实物图

6.2.4　熔融碳酸盐燃料电池

熔融碳酸盐燃料电池 1980 年研制成功，采用碱金属（锂、钠、钾）的碳酸盐作为电解质，在 $650\sim700\,℃$ 下工作，电解质呈熔融状态，导电离子为碳酸根离子（CO_3^{2-}）。以氢气为燃料，氧气或空气作为氧化剂。阴极上氧气和二氧化碳与外电路输送过来的电子结合，生成碳酸根离子。阳极上的氢气则与电解质隔膜迁移来的碳酸根离子反应，生成二氧化碳和水，将电子输送到外电路。不需要催化剂，而且可以使用天然气、甲烷、石油、煤气等其他气体燃料产生的富氢燃料气，但是启动时间较长。

反应原理及示意图见图 6-9。

熔融碳酸盐燃料电池（MCFC）是一种高温电池（$600\sim700\,℃$），具有效率高（高于 40%）、噪声低、无污染、燃料多样化（氢气、煤气、天然气和生物燃料等）、余热利用价值高和电池构造材料价廉等诸多优点，是 21 世纪的绿色电站。MCFC 电池组件板式设计的原理图及 $110\,\mathrm{cm}^2$ 电池实验装置见图 6-10。

熔融碳酸盐燃料电池（MCFC）也可使用 NiO 作为多孔阴极，但由于 NiO 溶于熔融的碳酸盐后会被 H_2、CO 还原为 Ni，容易造成短路。

空气极：

$$CO_2 + \frac{1}{2}O_2 + 2e^- \longrightarrow CO_3^{2-}$$

燃料极：

$$H_2 + CO_3^{2-} \longrightarrow H_2O + CO_2 + 2e^-$$

总的反应方程式：

$$H_2 + \frac{1}{2}O_2 + CO_2(阴极) \longrightarrow H_2O + CO_2(阳极)$$

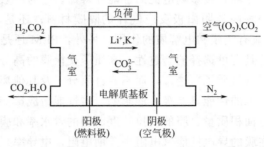

图 6-9　熔融碳酸盐燃料电池反应原理的示意图

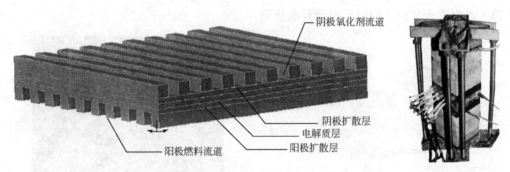

图 6-10　MCFC 电池组件板式设计的原理图及 110cm² 电池实验装置

6.2.5　固体氧化物燃料电池

固体氧化物燃料电池（Solid Oxide Fuel Cell，简称 SOFC）属于第三代燃料电池，是一种在中高温下直接将储存在燃料和氧化剂中的化学能，高效、环境友好地转化成电能的全固态化学发电装置。固体氧化物燃料电池单体由电解质、阳极或燃料极、阴极或空气极和连接体或双极板组成。

固体氧化物燃料电池的工作原理与其他燃料电池相同，在原理上相当于水电解的"逆"装置。其单电池由阳极、阴极和固体氧化物电解质组成，阳极为燃料发生氧化的场所，阴极为氧化剂还原的场所，两极都含有加速电极电化学反应的催化剂。工作时相当于一直流电源，其阳极即电源负极，阴极为电源正极。

在固体氧化物燃料电池的阳极一侧持续通入燃料气，例如氢气（H_2）、甲烷（CH_4）、城市煤气等，具有催化作用的阳极表面吸附燃料气体，并通过阳极的多孔结构扩散到阳极与电解质的界面。在阴极一侧持续通入氧气或空气，具有多孔结构的阴极表面吸附氧，由于阴极本身的催化作用，使得 O_2 得到电子变为 O_2^-，在化学势的作用下，O_2^- 进入起电解质作用的固体氧离子导体，由于浓度梯度引起扩散，最终到达固体电解质与阳极的界面，与燃料气体发生反应，失去的电子通过外电路回到阴极。图 6-11 为固体氧化物燃料电池原理示意图。

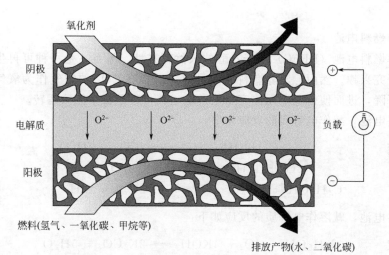

图 6-11　固体氧化物燃料电池原理的示意图

单体电池只能产生 1V 左右电压，功率有限，为了使得 SOFC 具有实际应用可能，需要大大提高 SOFC 的功率。为此，可以将若干个单电池以各种方式（串联、并联、混联）组装成电池组。SOFC 组的结构主要为管状（tubular）、平板型（planar）和整体型（unique）三种，其中平板型因功率密度高和制作成本低而成为 SOFC 的发展趋势。

6.2.6　其他类型燃料电池

(1) 甲醇燃料电池

直接甲醇燃料电池是质子交换膜燃料电池的一个变种，它直接使用甲醇而无需预先重整。甲醇在阳极转换成二氧化碳、质子和电子，如同标准的质子交换膜燃料电池一样，质子透过质子交换膜在阴极与氧反应，电子通过外电路到达阴极并做功。

碱性条件

总反应式　　$2CH_4O + 3O_2 + 4OH^- \longrightarrow 2CO_3^{2-} + 6H_2O$

正极　　　　$O_2 + 4e^- + 2H_2O \longrightarrow 4OH^-$

负极　　　　$CH_4O - 6e^- + 8OH^- \longrightarrow CO_3^{2-} + 6H_2O$

酸性条件

总反应式　　　　$2CH_4O + 3O_2 \longrightarrow 2CO_2 + 4H_2O$

正极　　　　　　$O_2 + 4e^- + 4H^+ \longrightarrow 2H_2O$

负极　　　　　　$CH_4O - 6e^- + H_2O \longrightarrow 6H^+ + CO_2$

在直接甲醇燃料电池的工作过程中，一定浓度的甲醇溶液从电池的阳极流场结构中通过，在液体的流动过程中，甲醇溶液经过阳极扩散层至阳极催化层处被氧化。透过质子交换膜，作为反应产物的质子得以迁移到阴极一侧，电子则通过外电路由阳极向阴极传递，并在此过程中对外做功。同时，在阳极 MEA 中电解质的作用下，CO_2 气体以气泡的形式在阳极流场内随甲醇溶液排出。在电池的阴极一侧，阴极集流板流场结构均匀分配后的空气或氧气扩散进入阴极催化层，被来自阳极的质子电化学还原，生成的水蒸气或液态形式的水与反应尾气一起离开电池的阴极流场。

这种电池的期望工作温度为 120℃ 以下，比标准的质子交换膜燃料电池略高，其效率大约是 40％。

（2）乙醇燃料电池

直接乙醇燃料电池（DEFC）由于乙醇的天然存在性、无毒，是一种可再生能源，开始引起人们的研究兴趣。然而，乙醇燃料电池目前多以含有 CO_2 的空气作为氧气的来源，故碱性不断地下降，进而使得电池无法完全正常地运转，甚至根本无法运转。

乙醇燃料电池，酸作电解质的反应如下：

总反应　　　　　$C_2H_5OH + 3O_2 === 2CO_2 + 3H_2O$

正极　　　　　　$3O_2 + 12H^+ + 12e^- === 6H_2O$

负极　　　　$C_2H_5OH + 3H_2O - 12e^- === 2CO_2 + 12H^+$

乙醇燃料电池，碱溶作电解质的反应如下：

总反应　　$C_2H_5OH + 3O_2 + 4KOH === 2K_2CO_3 + 5H_2O$

负极　　$C_2H_5OH + 16OH^- - 12e^- === 2CO_3^{2-} + 11H_2O$

正极　　　　$3O_2 + 12e^- + 6H_2O === 12OH^-$

【可练习项目】

（1）质子交换膜的功能是什么？目前技术发展的现状如何？

（2）查阅资料，举例说明市场化的燃料电池技术有哪些？

参考文献

王革华. 新能源概论. 北京：化学工业出版社，2013.

第 **7** 章

新型核能开发与利用技术

7.1 核能基础

知识目标

① 了解核能的概念以及核能的发展状况。

② 了解核能的分类。

③ 了解核能与人类的需求关系。

【知识描述】

7.1.1 核能的概念

　　核能，又称原子能、原子核能，是原子核结构发生变化时放出的能量。核能来源于将核子（质子和中子）保持在原子核中的一种非常强的作用力——核力。核力和人们熟知的电磁力以及万有引力完全不同，是一种非常强大的短程作用力，符合阿尔伯特·爱因斯坦的质能方程 $E = mc^2$。

7.1.2 核能释放形式

　　核能可通过三种核反应之一释放。

　　(1) 核裂变

　　重核分解成中等质量的核时，释放出核能的反应，称为核裂变。裂变时释放出的能量非常巨大。如果 1kg 铀全部裂变，它放出的能量约为 2000t 优质煤完全燃烧时释放的能量。如果核裂变反应中产生的中子再引起其他的铀核裂变，就可以使核裂变反应不断地进行下去，称为"链式反应"。其反应原理见图 7-1。控制中子的数量可以达到控制链式反应强弱的目的：

$$\ _{0}^{1}\text{n} + \ _{92}^{235}\text{U} \longrightarrow \ _{38}^{93}\text{Sr} + \ _{54}^{93}\text{Xe} + 2\ _{0}^{1}\text{n} + \text{energy}$$

　　重核的裂变方式有自发裂变和感生裂变两种。自然界中某些质量数很大的原子核，无需

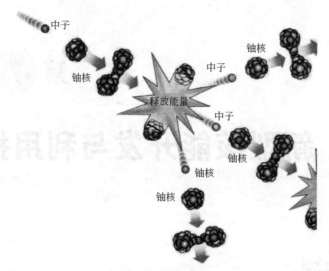

图 7-1　核裂变链式反应的原理图

外接作用就有自发分裂的趋势，这种现象叫做自发裂变，是由于重核本身不稳定造成的，半衰期较长，如铀 238 半衰期为 45 亿年，铀 235 半衰期为 7 亿年。感生裂变是指重核在受到其他粒子轰击下发生裂变，变成两块质量不同的较轻的核，同时释放出核能。

　　利用高浓度的铀 235（U）或钚 239（Pu）等重原子核的裂变链式反应原理，以及复杂精密的引爆系统制成的裂变武器，通常称为原子弹。核电反应堆通常采用天然铀或低浓度（＜3％）裂变物质作燃料，再加上一套安全可靠的控制系统，从而能使核能缓慢地有控制地释放出来。

　　按照核反应堆的用途，可将其分为生产堆（生产易裂变或易聚变物质，主要是用于生产核武器的装料钚和氚）、动力堆（提供动力，例如核电站、核潜艇）、试验堆、供热堆。而动力堆又可以分为轻水堆、重水堆、气冷堆和快中子增殖堆。

（2）核聚变

　　核聚变，是将结合能较小的轻核在一定条件下聚合成一个较重的、平均结合能较大的原子核。由于原子核间有很强的静电排斥力，因此一般条件下发生核聚变的概率很小，只有在几千万摄氏度的高温下，轻核才有足够的动能去克服排斥力而发生持续的核裂变，因此又称为热核反应。在热核反应的温度下，参加反应的原子（氘、氚等）的核外电子都被剥离，成为裸露的原子核，从而形成由完全带正电的原子核和带负电的电子构成的高度电离的气体，称为等离子体。在热核反应的超高温下，等离子体的辐射热损失非常巨大（辐射放热与温度的四次方成正比），一旦聚变反应释放的热量小于辐射损失，热核反应自动终止。一般可增加反应的温度来解决此问题，因为反应温度越高，辐射损失和释能速度都增加，但后者增加得快一点，因而存在一个临界点火温度。一旦超过这个温度，热核反应将持续进行。

　　最容易实现核聚变反应的是原子核中最轻的核，例如氘、氚、氦、锂等。其中最容易实现的热核反应是氘和氚聚合成氦的反应。氘、氚反应的临界点火温度约为 4400 万摄氏度，纯氘反应，点火温度约为 2 亿摄氏度，而要维持聚变反应的进行，实际温度需要比临界温度高很多。如氘、氚反应的最低运转温度高达 1 亿摄氏度，纯氘反应堆则高达 5 亿摄氏度。图 7-2 为核聚变图。

　　氘和氚发生聚变后，两个氢原子核结合成一个氦原子核，并放出一个中子和 0.176 亿电

$$^2_1H + ^3_1H \longrightarrow ^4_2He + ^1_0n$$

图 7-2　核聚变图

子伏的能量。作为核燃料之一的氘，地球上的储量特别丰富，每升海水中即含氘 0.034g，海水中的氘含量达到 450 亿吨。

聚变反应的技术难点主要有三个：保证等离子体的密度足够高；约束等离子体使它不与容器碰撞，否则等离子体温度会下降，容器会被烧毁；防止杂质混入等离子体，导致等离子体温度下降。目前约束等离子体的技术有两种：磁约束和惯性约束。惯性约束系统的基本设想是，在原子核飞行的极短时间内完成聚变反应，无需采用措施来约束等离子体，这样等离子体将被自身惯性约束。实现惯性约束系统，要达到两个条件：①需要将燃料制成微型丸，丸的半径为 1mm，以达到在极短的时间完成核聚变反应的目的；②需要使微型丸的温度升高到 1 亿摄氏度，在极短的时间内提供 100MJ 的能量，以实现核聚变点火。

利用重氢（氘）或超重氢（氚）等轻原子核的热核反应原理制成的热核武器或聚变武器，通常称为氢弹。

（3）核衰变

核衰变，原子核自发衰变过程中释放能量。1896 年法国科学家 A. H. 贝可勒尔研究含铀矿物质的荧光现象时，偶然发现铀盐能放射出穿透力很强、可使照相底片感光的不可见射线。不久人们发现其他原子序数很高的重元素如钍、镭等的盐类也具有放射性。这种放射性是铀、钍、镭等原子核的性质，与环境温度以及所处的化学状态无关。放射性放出的射线有三种：①α 射线，具有最强的电离作用，穿透本领很小，在云室中留下粗而短的径迹；②β 射线，电离作用较弱，穿透本领较强，云室中的径迹细而长；③γ 射线，电离作用最弱，穿透本领最强，云室中不留痕迹。进一步研究表明，α 射线中放射的粒子是电荷数为 2、质量数为 4 的氦核 He，β 射线中放射的粒子是带负电的电子，γ 射线是波长很短的电磁波。不稳定的放射性核放射出射线后衰变为另一种核或衰变为能量较低的核，放射过程中遵从电荷守恒、质量数守恒和能量守恒。

7.1.3　核能的发展现状

（1）核能发展简史

核能是人类历史上的一项伟大发现，可一直追溯到 19 世纪末英国物理学家汤姆逊发现电子开始，人类逐渐揭开了原子核的神秘面纱。1895 年德国物理学家伦琴发现了 X 射线。1896 年法国物理学家贝克勒尔发现了放射性。1898 年居里夫人与居里先生发现放射性元素钋。1902 年居里夫人经过 3 年又 9 个月的艰苦努力又发现了放射性元素镭。

1905 年爱因斯坦提出质能转换公式。1914 年英国物理学家卢瑟福通过实验，确定氢原子核是一个正电荷单元，称为质子。1935 年英国物理学家查得威克发现了中子。1938 年德国科学家奥托·哈恩用中子轰击铀原子核，发现了核裂变现象。1942 年 12 月 2 日美国芝加哥大学成功启动了世界上第一座核反应堆。1945 年 8 月 6 日和 9 日美国将两颗原子弹先后投在了日本的广岛和长崎。1951 年 12 月，美国实验增殖堆 1 号（EBR-1）首次利用核能发电。

　　核电技术是利用核裂变或核聚变反应所释放的能量发电的技术。从 1951 年至今，世界核能发电已有 60 多年的发展历史，核电技术已经发展到第四代。第一代核电站是 1970 年前投入运行的各种原型堆和试验堆核电站。第二代核电站是 1970～1995 年投入运行的各类商用核电站。第三代核电站是满足《美国用户要求文件（URD）》或《欧洲用户要求文件（EUR）》的新一代先进核电站，具有预防和缓解严重事故措施，经济上能与天然气机组相竞争。第四代核电站是目前正进行概念设计和研究开发的，可望在 2030 年建成的，在反应堆和燃料循环方面有重大创新的核电站。核电技术的发展进化可参阅图 7-3。

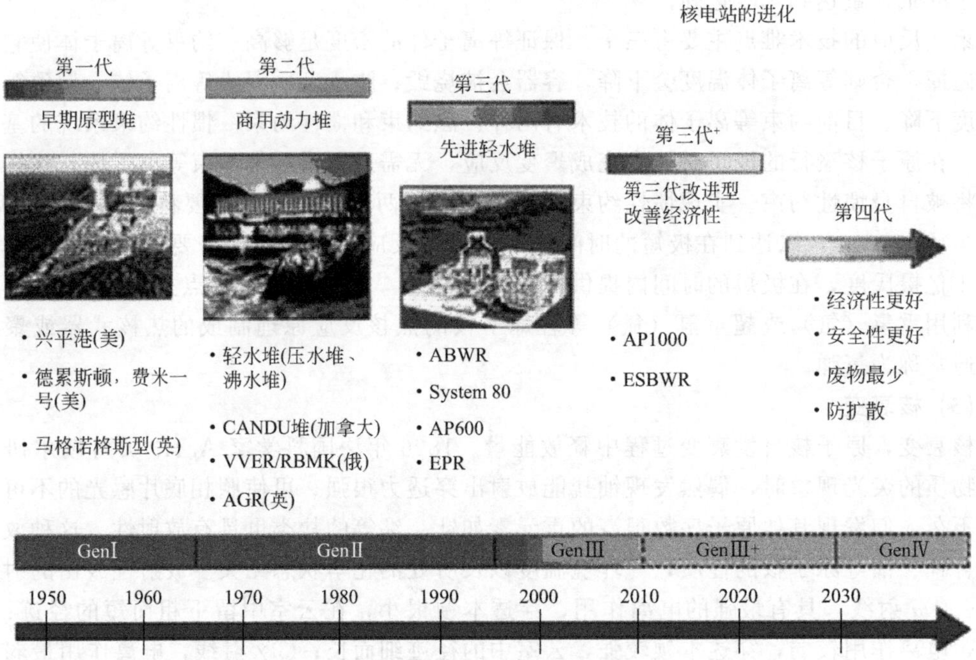

核电站的进化

第一代　　　　　第二代

早期原型堆　　　商用动力堆　　　第三代

先进轻水堆　　　第三代+

第三代改进型
改善经济性　　　第四代

· 兴平港(美)

· 德累斯顿，费米一
号(美)

· 马格诺格斯型(英)

· 轻水堆(压水堆、
沸水堆)

· CANDU堆(加拿大)

· VVER/RBMK(俄)

· AGR(英)

· ABWR

· System 80

· AP600

· EPR

· AP1000

· ESBWR

· 经济性更好

· 安全性更好

· 废物最少

· 防扩散

| GenⅠ | GenⅡ | GenⅢ | GenⅢ+ | GenⅣ |

1950　1960　1970　1980　1990　2000　2010　2020　2030

图 7-3　核电技术的发展进化

（2）放射性废物的处理问题

　　从反应堆取出的具有强放射性的废燃料组件，先在堆址暂存 4 个月，让大量短寿命的放射性核素衰变掉，然后用屏蔽运输罐送去做后处理。后处理中可收回部分放射性同位素重新使用，大部分仍然留在浓缩液或固体中，必须储藏起来以确保不会散布到环境中去。

　　液体废物储藏在大钢槽中，由于辐射内热而需要经常冷却和搅拌，比较容易发生泄漏。把液体废物煮干变为固体，则可将固体废物铸进陶瓷材料里边，再将这些固体状废物存放在大游泳池里，用循环水冷却，储藏到采取更长久的解决办法为止。

（3）我国的核能利用

　　我国 1971 年开始进行核电站的研究和设计，从我国第一套核电机组——秦山 30 万千瓦核电机组并网发电以来，我国核发电总量已超过为 1500 亿千瓦小时。

　　秦山核电站是我国自行设计建造的 30 万千瓦原型压水堆核电站，于 1994 年投入商业运行。秦山二期核电站，装有两台 60 万千瓦压水堆核电机组。秦山三期核电站是中国和加拿大合作建造的我国第一座重水堆核电站，装有两台 72.8 万千瓦核电机组。位于深圳的大亚湾核电站，是我国第一座大型商用核电站，装有两台单机容量为 98.4 万千瓦的压水堆核电机组。位于深圳的岭澳核电站，装有两台单机容量为 99 万千瓦的压水堆核电机组。根据"十三五"规划，2020 年中国运行核电装机容量要达到 5800 万千瓦。

【可练习项目】

（1）核反应的方式有哪些？

（2）查阅资料，说明中国的核电站的分布及发电量情况。

7.2 核能发电技术

 知识目标

① 了解核能发电原理。

② 了解商用核电站工作原理。

③ 了解核裂变发电技术。

④ 了解核聚变技术。

【知识描述】

7.2.1 商用核电站技术

核能发电与常见的火力发电厂一样，都用蒸汽推动汽轮机旋转，带动发电机发电。核电站依靠燃料的核裂变反应释放的核能来制造蒸汽。核电站是利用一座或若干座动力反应堆所产生的热能来发电或发电兼供热的动力设施。反应堆是核电站的关键设备，链式裂变反应就在其中进行。

按照冷却剂、慢化剂的种类，可以将产生核裂变反应的反应堆分为压水堆、重水堆、沸水堆、高温气冷堆、钠冷快堆等。当前世界上建得最多的是压水堆核电站，占全世界核能发电总容量的 60% 以上。

（1）压水堆核电站

压水堆是采用高压水来冷却核燃料的一种反应堆。压水堆又分为重水堆和轻水（普通水）堆。压水堆核电厂主要由压水反应堆、反应堆冷却剂系统（简称一回路）、蒸汽和动力转换系统（又称二回路）、循环水系统、发电机和输配电系统及其他辅助系统组成。

压水堆由压力容器和堆芯两部分组成。压力容器是一个密封的、又厚又重的、高达数十米的圆筒形大钢壳，所用的钢材耐高温高压、耐腐蚀，用来推动汽轮机转动的高温高压蒸汽就在这里产生。容器内设有实现原子核裂变反应堆的堆芯和堆芯支撑结构，顶部装有控制反应堆裂变反应的控制棒传动机构，随时调节和控制堆芯中控制棒的插入深度。

堆芯是核反应堆的心脏，包括核燃料组件、控制棒组件、水三部分。由二氧化铀烧结成燃料芯块，含有 2%～4% 的铀 235，呈小圆柱形，直径为 9.3mm。把这种芯块装在两端密封的锆合金包壳管中，成为一根长约 4m、直径约 10mm 的燃料元件棒。把 200 多根燃料棒按正方形排列，用定位格架固定，组成燃料组件。每个堆芯一般由 121 个到 193 个组件组成。控制棒用银钢镉材料制成，外面套有不锈钢包壳，可以吸收反应堆中的中子，它的粗细与燃料棒差不多。把多根控制棒组成棒束型，用来控制反应堆核反应的快慢。如果反应堆发生故障，立即把足够多的控制棒插入堆芯，在很短时间内反应堆就会停止工作，这就保证了反应堆运行的安全。水既是中子慢化剂，又是冷却剂。

原子核反应堆释放的核能通过一套动力装置，将核能转变为蒸汽的动能，进而转变为电能。该动力装置由一回路系统、二回路系统及其他辅助系统和设备组成。一回路系统一般有 2～4 条并联的环路，每条环路由一台冷却剂泵和一台蒸汽发生器与相应管道连接而成。二回路系统由蒸汽发生器二次侧、汽轮机、发电机、冷凝器凝结水泵、给水泵、给水加热器和中间汽水分离再热器等设备组成。图 7-4 为压水堆安全壳内的纵剖面图。

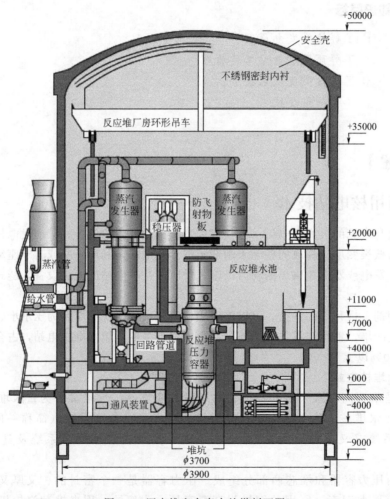

图 7-4　压水堆安全壳内的纵剖面图

其工作原理为：主泵将 120～160 个大气压的一回路冷却水送入堆芯，把核燃料放出的热能带出堆芯，而后进入蒸汽发生器，通过传热管把热量传给二回路水，使其沸腾并产生蒸汽；一回路冷却水温度下降，进入堆芯，完成一回路水循环；二回路产生的高压蒸汽推动汽轮机发电，再经过冷凝器和预热器进入蒸汽发生器，完成二回路水循环。图 7-5 为压水堆核电厂的原理图。

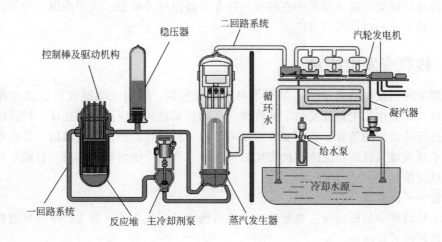

图 7-5　压水堆核电厂的原理图

（2）沸水堆

以沸腾水为中子慢化剂和冷却剂并在反应堆压力容器内直接产生饱和蒸汽的动力堆，称为沸水堆。沸水堆与压水堆同属轻水堆，都具有结构紧凑、安全可靠、建造费用低和负荷跟随能力强等优点。沸水堆和压水堆都采用低富集度铀 235 作燃料，且须停堆进行换料。沸水堆核电站系统有主系统（包括反应堆）、蒸汽-给水系统、反应堆辅助系统等。图 7-6 为沸水堆核电站原理图。

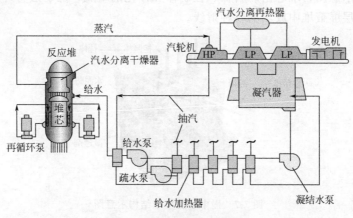

图 7-6　沸水堆核电站原理图

（3）重水堆

重水具有中子吸收截面小而慢化性能好的特点，故可直接利用天然铀作反应堆核燃料。重水堆可用轻水或重水作冷却剂。重水堆按其结构形式大致可以分成压力管式和压力壳式两类。重水堆核电站是发展较早的核电站，有各种类别，但已实现工业规模推广的只有加拿大发展起来的坎杜型压力管式重水堆核电站。

（4）高温气冷堆

气冷堆是指用石墨慢化、二氧化碳或氦气冷却的反应堆，采用高温陶瓷型颗粒核燃料，以化学惰性和热工性能良好的氦气作冷却剂，耐高温的石墨作为慢化剂和堆芯结构材料。目前关于气冷堆的研究，越来越集中在用氦气冷却的高温气冷堆上。然而高温气冷堆技术上比较复杂，造价高，一时还难以推广。

7.2.2　核裂变发电技术

铀核裂变时会发生链式反应，如果不对它进行控制，雪崩式的链式反应就会在瞬间发生。要使链式反应中产生的核能稳定地释放，必须控制链式反应进行的速度。核反应堆是一种实现可控链式反应的装置。核裂变反应堆的类型多种多样，根据反应堆的工作原理，主要分为慢中子反应堆（目前广泛应用的实用核反应堆）和快中子增殖反应堆（目前正在研究和实验的核反应堆）。

（1）慢中子反应堆

慢中子反应堆中的核反应主要是铀 235 吸收慢中子后发生的核裂变。反应堆通过以下两个方面来控制链式反应。

① 铀裂变时产生的中子大都为快中子，而铀 235 容易俘获慢中子而不易俘获快中子，因此，需要使用慢化剂使裂变中放出的快中子减速，成为可以诱发铀 235 裂变的慢中子（又称为热中子），从而维持链式反应。常用的减速剂有轻水（普通水）、重水或石墨。根据所用慢化剂的不同，反应堆可以分为轻水堆、重水堆、石墨堆等。

② 用吸收中子能力很强的镉做成控制棒，将它们插入铀棒之间。用控制棒调节反应堆中的种子数目，从而控制链式反应的速度，使反应既不会过分激烈，又能以一定的强度进行下去。反应堆内外循环流动的冷却剂，将裂变产生的热传输出去。常用的冷却剂有轻水、重水和液态金属钠。用普通水作慢化剂和冷却剂的轻水堆又分为沸水堆和压水堆。图 7-7 为慢中子反应堆结构示意图。堆芯由燃料棒、控制棒和慢化剂组成，反射层将外逸的中子反射回堆层，水泥防护层屏蔽堆中放出的各种射线。

图 7-7　慢中子反应堆结构示意图

（2）块中子反应堆

快中子反应堆是指没有中子慢化剂的核裂变反应堆。快中子反应堆不用铀 235，而用钚 239 作燃料，不过在堆芯燃料钚 239 的外围再生区里放置铀 238。钚 239 产生裂变反应时放出来的快中子，被装在外围再生区的铀 238 吸收，铀 238 就会很快变成钚 239，如图 7-8 所示。这样，钚 239 裂变，在产生能量的同时，又不断地将铀 238 变成可用燃料钚 239，而且再生速度高于消耗速度，核燃料越烧越多，快速增殖，所以这种反应堆又称"快速增殖堆"。

据计算，如快中子反应堆推广应用，将使铀资源的利用率提高 50～60 倍，大量铀 238 堆积浪费、污染环境问题将能得到解决。可以用钍 232 代替上述的铀 238，经历同样反应后变为铀 233。铀 233 也是一种可裂变的核燃料。快中子增殖反应堆可以利用除了铀之外的钍燃料和其他反应堆中用过的核废料。

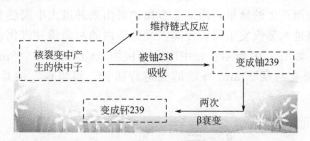

图 7-8　快中子增殖反应堆的裂变原理

由快中子引起裂变链式反应，并将释放出来的热能转换成电能的核电站，即为快中子增殖堆核电站。由于快中子反应堆运行时，能在消耗核裂变燃料的同时产生多于消耗的可裂变核燃料，实现可裂变核燃料的再生增殖，故称为快中子增殖堆核电站。

按照冷却剂的材料，快中子增殖堆可以分为气冷快堆和钠冷快堆等。

（1）气冷快堆（GFR）

GFR 系统的特征是一种快中子流、一种布雷顿循环的氦气冷反应堆和一个封闭的锕再生的燃料循环。GFR 的堆芯出口氦气冷却剂温度很高，可达 850℃，可以用于电力生产、锕系元素处理和制氢生产等。图 7-9 为气冷实验快堆原理图。

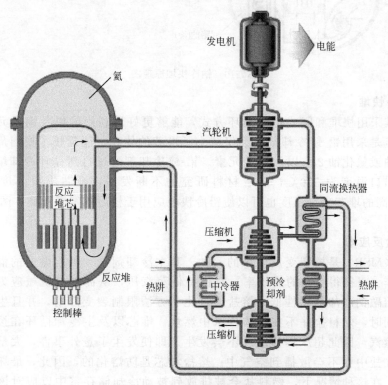

图 7-9　气冷实验快堆原理图

（2）钠冷快堆

　　快堆采用液态金属钠作冷却剂，采用闭式燃料循环方式，能有效管理锕系元素和铀238的转换，导热性好，很容易把能量带走，解决了反应堆最怕的过热问题。钠的熔点是98℃，但沸点高达890℃。在通常500～600℃的工作环境中不需要加压，安全性高。在"快堆"内，由于核裂变反应而产生的热量，由液态金属钠带出来并进入中间热交换器，带有热量的液态钠再由中间回路进入蒸汽发生器，使蒸汽发生器内的水沸腾并汽化，由蒸汽来驱动汽轮发电机组进行发电，如图7-10所示。在中国实验快堆（CEFR）中，8m直径的反应堆用了260t的液态钠，只需要两层25mm外壁的壳进行防护。可以说，钠是目前最好的快堆冷却剂。

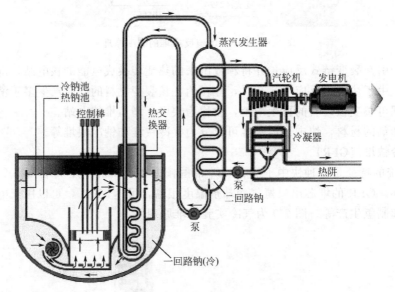

图7-10　钠冷快堆原理图

（3）铅冷快堆

　　铅冷快堆采用快堆和闭式燃料循环方式，能够更好地利用铀以及锕系元素。铅冷快堆最大的优点是采用铅-铋冷却剂，不仅减小了堆芯的体积，还延长了换料周期。堆芯燃料采用金属铀或氮化铀238以及超铀元素。铅-铋冷却剂通过自然循环冷却堆芯，带出热量。堆芯的出口温度为550℃，随着材料研究的不断发展，堆芯出口温度可以提高到800℃。同时高的堆芯出口温度也可以使铅冷快堆应用于核能制氢等领域。图7-11为铅冷快堆原理图。

（4）熔盐反应堆

　　熔盐堆（MSR）是核裂变反应堆的一种，其主冷却剂是一种熔融态的混合盐，它可以在高温工作（可获得更高的热效率）时保持低蒸汽压，从而降低机械应力，提高安全性，并且比熔融钠冷却剂活性低。熔盐通过化学方法限制裂变产物，并且生成缓慢或不产生气体。同时，燃料盐并不在气体或水中燃烧。堆芯以及主冷却循环在接近大气压下运行且没有蒸汽，因此超压爆炸事件不会发生。即便发生了意外事件，大量的放射裂变产物仍将留在盐中而不会散播到空气中。熔盐堆芯是防熔化的，因此，最坏的事件将会是物质泄漏。在这种情况下，燃料盐会被排放到被动冷却储存室中以应对该事件。图7-12为熔盐反应堆原理图。

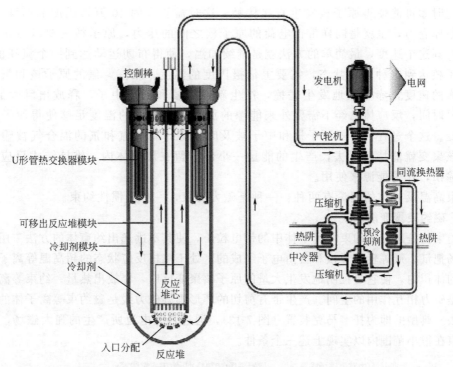

图 7-11　铅冷快堆原理图

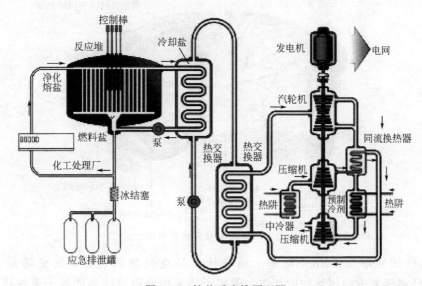

图 7-12　熔盐反应堆原理图

7.2.3　核聚变技术

相比核裂变，核聚变几乎不会带来放射性污染等环境问题，而且其原料可直接取自海水中的氘，是理想的能源方式。1991 年 11 月 9 日，欧洲的科学家在英国首次成功地进行了实验室里的受控热核聚变反应试验，从而揭开了核聚变能利用的序幕。

核聚变反应堆的原理很简单，需要满足三个条件。第一，作为反应体的混合气必须被加热到等离子态，也就是温度足够高，使得电子能脱离原子核的束缚，原子核能自由运动，这时才可能使得原子核发生直接接触，这时需要大约 10 万摄氏度的温度。第二，为了克服库仑力，也就是同样带正电荷的原子核之间的斥力，原子核需要以极快的速度运行。得到这个速度，最简单的方法就是继续加温，使得布朗运动达到一个疯狂的水平。要使原子核达到这种运行状态，需要上亿摄氏度的温度。第三，氘的原子核和氚的原子核以极大的速度，赤裸裸地发生碰撞，产生新的氦核和新的中子，释放出巨大的能量。经过一段时间，反应体已经不需要外来能源的加热，核聚变的温度足够使得原子核继续发生聚变。这个过程只要氦原子核和中子被及时排除，新的氘和氚的混合气被输入到反应体，核聚变就能持续下去，产生的能量一小部分留在反应体内，维持链式反应，大部分可以输出，作为能源来使用。

约束高温反应体的理论有两种：一种是磁力约束，一种是惯性约束。

（1）磁约束聚变能系统

磁约束就是用磁场约束等离子体中的带电粒子，使其不逃逸出约束体的方法。用特殊形态的磁场把氘、氚等轻原子核和自由电子组成的、处于热核反应状态的超高温等离子体约束在有限的体积内，使它受控地发生大量的原子核聚变反应，释放出热量。约束等离子体的磁场就是磁力相互作用的空间。产生带有剪切的环形螺旋磁力线是磁约束等离子体的一种很好的方法。典型的即为托卡马克装置（图 7-13），通过强大电流所产生的强大磁场，把等离子体约束在很小范围内以实现上述三个条件。

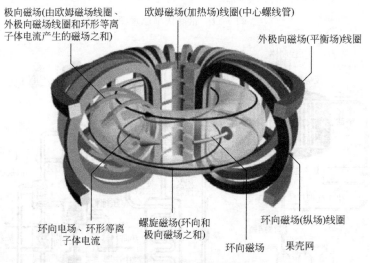

图 7-13　托卡马克装置原理

国际热核试验堆（ITER）是基于超导托卡马克概念的装置，其磁场是由浸泡在 -269℃的低温液氦中的超导线圈产生。等离子体采用电磁波或高能粒子束加热，允许等离子体在堆芯被加热到超过 1 亿度，核聚变反应由此热量产生。注入 ITER 装置的热功率是 50MW，产生的核聚变功率是 500MW，能量增加 10 倍。ITER 造价约 46 亿美元，中国为成员国之一。

（2）惯性约束聚变能系统

惯性约束聚变又称靶丸聚变，利用驱动器提供的能量使靶丸中的核聚变燃料（氘、氚）形成等离子体，在这些等离子体粒子由于自身惯性作用还来不及向四周飞散的极短时间内，通过向心爆聚被压缩到高温、高密度状态，从而发生核聚变反应。由于这种核聚变是依靠等离子体粒子自身的惯性约束作用而实现的，因而称为惯性约束聚变。

　　基本思想是把几毫克的氘和氚的混合气体或固体，装入直径约几毫米的小球（靶丸）内，从外面均匀射入高功率的激光束或粒子束，均匀照射微球靶丸，靶面物质因吸收能量而向外消融喷离。受它的反作用，球面内层向内挤压（反作用力是一种惯性力，靠它使气体约束），就像喷气飞机气体往后喷而推动飞机前飞一样，小球内气体受挤压而压力升高，并伴随着温度的急剧升高。当温度达到所需要的点火温度（大概需要几十亿度）时，小球内气体便发生爆炸，并产生大量热能。这种爆炸过程时间很短，只有几个皮秒（1 皮等于 1 万亿分之一）。如每秒发生三四次这样的爆炸，并且连续不断地进行下去，所释放出的聚变能相当于百万千瓦级的发电站。图 7-14 为惯性约束聚变发电原理。

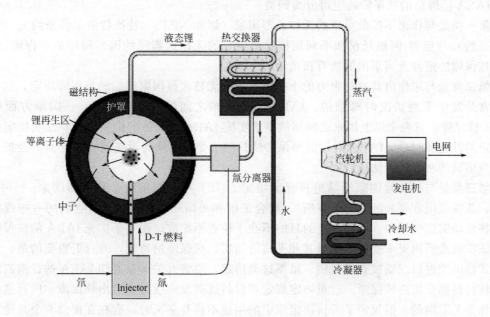

图 7-14　惯性约束聚变发电原理

　　现有的激光束或粒子束所能达到的功率，离需要的还差几十倍、甚至几百倍，加上其他种种技术上的问题，使惯性约束核聚变仍需要继续开发。

【可练习项目】

（1）核裂变发电技术有哪些？
（2）查阅资料，说明目前商用的核电站所应用的技术有哪些？

7.3　核能政策

知识目标

① 了解核能的法律框架。
② 了解核能安全对核能政策的影响。

【知识描述】

7.3.1   核能的法律框架

国际原子能机构（International Atomic Energy Agency，IAEA）是一个与联合国建立关系，并由世界各国政府在原子能领域进行科学技术合作的机构。

IAEA 与其他的国际和地区组织一起，起着联络中心的作用。在过去的几十年里，核能领域的国际合作已产生了一套具有法律约束力的规则和建议性的标准与条例。

IAEA 已缔结的核保障协定可分为四类。

第一类是与作出不扩散承诺的无核武器国家（诸如 NPT、《特拉特洛尔科条约》、《拉罗汤加条约》、《巴西-阿根廷仅和平利用核能协定》的无核武器缔约国）缔结的核保障协定。这些核保障协定涉及当事国的所有核活动。

第二类是与未作出具有约束力的不扩散承诺的无核武器国家缔结的核保障协定。这类协定通常是发生下列情况时缔结的：IAEA 与成员国之间缔结项目协定；一国单方面提交 IAEA 核保障；或两个以上国家之间缔结要求实施 IAEA 核保障的供应协定。这类协定只涉及指定的设施和材料。IAEA 提供的担保必然只限于受核保障的设施或材料，而不会扩大到涉及当事国的所有核活动。

第三类是与核武器国家缔结的核保障协定。NPT 中列出的 5 个核武器国家——中国、法国、苏联（现在是其继任者俄罗斯）、联合王国和美国——都已同意对它们的一些或所有和平核活动实施核保障。这类协定的目的不在于核查不扩散，而在于扩充 IAEA 的核保障经验、证实核武器国家未获得免除对其和平核活动实施核保障的特权，并且更重要的是，开创对核武器国家进行现场核查的先例。根据这类协定，要将有关国家通知 IAEA 的设施或设施中的核材料提交实施核保障。这类协定规定可以将这类设施或材料撤出核保障。所有这类协定虽都是无限期的，但规定了若该协定原定的用途不再有意义时，有权在提前 6 个月通知的条件下终止该协定。

第四类是与那些尚未作出不扩散承诺但准备将此义务作为该核保障协定一部分的无核武器国家缔结的核保障协定。

这四类协定的任何一类协定中规定的 IAEA 核保障制度，都具有三个基本特点：材料衡算、封隔和监视，以及现场检查。

材料衡算用来确定指定区域内存在的核材料数量及指定时期内的材料数量变化。封隔措施旨在利用墙壁、容器、储罐或管道之类的实物屏障，限制或控制人们移动或接近核材料。这类措施有助于减少有人移动核材料或设备而未被探知的概率。

监视措施被用来探知以下情况：未申报地移动核材料、破坏封隔、制造假情报或干扰核保障器件。

现场检查的目的是核实 IAEA 所获得的信息。IAEA 按照联合国宪章进行的核查。IAEA 遵照联合国安理会的有关决议，可以对某些国家或地区实施核检查。如海湾战争结束后对伊拉克进行的核检查。

7.3.2   核泄漏事件造成核能政策的变化

随着日本地震引发的那次核泄漏，引发了自 1986 年切尔诺贝尔核灾难以来最严重的危机，使人们更加关注核能的安全性以及对环境的影响。

（1）欧洲部分国家暂停核电计划

据悉，目前欧洲大陆共设有超过 150 个核反应堆，对核危机尤其关注，在日本发生核事故后，有关检讨核安全的呼声高涨。以奥地利为首的欧洲各大经济体表示，鉴于福岛的核泄漏事件，将仔细审视核安全，并呼吁欧盟全面检查核电厂安全。

瑞士政府已决定暂停更新老化核能发电厂的计划，强调最优先考虑的是安全，又责成联邦核安全督察团"分析日本核事故的确切原因，并就可能制订严格新标准作结论"，在彻底的安全审查之前，停建新的核电站。

（2）亚洲各地密切监察核泄漏

印度尼西亚官员也在考虑是否重启对核电站的规划，以满足印度尼西亚巨大的电力供应缺口。印度表示，将检查其核电站，以确保经得起地震和海啸考验。韩国也表示，将审视自身的核计划，韩国原计划建造 14 座新核反应堆。

（3）美国核官员敦促当地核电厂"煞车"

尽管美国核官员指出日本核电站泄漏的辐射不会影响美国，但美国核子管理委员会前主席布莱德福指出，反应堆爆炸的画面，将大大冲击国际社会对核能发电的观感，"未来很长一段时间，都很难抹掉大众对核能的不良印象。"

据悉，美国目前共有 104 座核子反应堆运作，估计会再建 4～8 座。参议院国土安全委员会主席利伯曼称，美国核电厂发展计划应"煞车"，直至日本核灾的冲击程度明朗化。

人们开始重新评估人类借助科技所获得的能力。欧盟对核电站的安全性从自信变成不太自信。德国政府暂时关闭 7 座 1980 年之前建成使用的核电站，总理默克尔说，日本核危机是科技史上的一个转折。

我国也宣布暂停审批新的核电站，并对所有核电站实施安全检查。

【可练习项目】

（1）国际核能的政策有哪些？
（2）查阅资料，举例说明世界上主要国家的核能政策变迁历程。

参考文献

[1]　郭连城，曹学武 . 铅冷快堆最新研究进展概述 . 核动力工程，2006，8：10～12.
[2]　王革华 . 新能源概论 . 北京：化学工业出版社，2013.

第 **8** 章

其他新能源开发与利用技术

8.1 地热能

知识目标

① 了解地热能的概念。

② 了解地热能的利用形式。

③ 了解地热能发电技术。

【知识描述】

8.1.1 地热能的概念

地热能是由地壳抽取的天然热能，这种能量来自地球内部的熔岩，并以热力形式存在，是引发火山爆发及地震的能量。

地热能是指储存于地球内部的能量，一方面来源于地球深处的高温熔融体，另一方面源于放射性元素（U、TU、40K）的衰变。按其属性地热能可分为四种类型：

① 水热型，即地球浅处（地下 $100\sim4500m$）所见的热水或水热蒸汽；

② 地压地热能，即某些大型沉积盆地（或含油气）深处（$3\sim6km$）存在着高温高压流体，其中含有大量甲烷气体；

③ 干热岩地热能，需要人工注水的办法才能将其热能取出；

④ 岩浆热能，即储存在高温（$700\sim1200℃$）熔融岩体中的巨大热能，但如何开发利用目前仍处于探索阶段。

8.1.2 地热能的利用形式

不同地区的钻井可以产出高温地热蒸汽或中低温的地热水，其中，高温地热资源可以发电（发电利用），中低温地热水可用于供暖、温室种植和水产养殖、工业洗染、工农业产品干燥，以及温泉洗浴医疗和旅游观光等（非电利用，或称直接利用）。地热能利用领域见图 8-1。

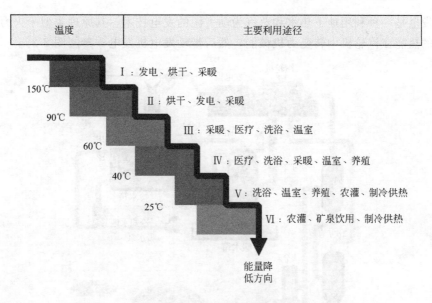

温度	主要利用途径

Ⅰ：发电、烘干、采暖
150℃
Ⅱ：烘干、发电、采暖
90℃
Ⅲ：采暖、医疗、洗浴、温室
60℃
Ⅳ：医疗、洗浴、采暖、温室、养殖
40℃
Ⅴ：洗浴、温室、养殖、农灌、制冷供热
25℃
Ⅵ：农灌、矿泉饮用、制冷供热

能量降
低方向

图 8-1　地热能利用领域

(1) 地热发电

目前，全球已有 28 个国家建有地热电站，总装机容量达 10715MW；而直接利用地热能的国家达到了 78 个，折合装机容量 50583MW。我国的地热发电装机容量为 25MW，直接利用为 8898MW，其中，我国的地热直接利用规模已处在世界第一位。从趋势上看，地热利用始终呈增长趋势。

(2) 地热供暖

地热供暖分为地热井供暖与地源热泵供暖。无论是地热井供暖还是地源热泵供暖，首先都比纯用电的供暖设备节能。地热井供暖使用的是地热水，如果合理开发，采偿平衡，在 3～5 年内回收成本后，基本的运行不需要太多花费，而使用的电能是普通空调取暖用电的 1/10。地源热泵使用的是浅层地热能，也称为地热空调，其能效比达到 4.5，远远高于一般空调。

(3) 地热综合利用

地热综合利用，是将地热能根据区域、温度梯度的划分，因地制宜地将地热利用的两种以上形式相结合。比如地热温度达到 150℃，首先进行地热发电利用，在此之后，利用预计 80℃左右的尾水余温，可以开发地热供暖，在地热供暖过程中，又可以冷热站联合供应，即将地热井供暖与地源热泵结合，既可以提供热量，又能在夏天提供冷量，储存热量，同时提供生活用热水，不仅一举多得，而且提高效率。在进行地热供暖后，地热尾水余温约为 30～50℃，通过一定的水质标准化处理，可以进行温泉旅游开发，或进行其他相关的温泉休闲产业，而这一阶段利用后的尾水，约为 20℃，可以进行地热生态农业的热量供应，进行地热农业种植，以及温泉水产养殖。

地热综合利用本质上是利用在一定时间内可开采的有限的地热资源，将其按照温度梯度分别利用，不浪费任何 1 度地热能，使地热能在生产和生活中达到最高的利用率，不仅节能，而且提高收益，促进地热能各个角度应用的发展。

8.1.3　地热能发电

地热发电是一种利用地下热水和蒸汽为动力源的发电技术，其原理类似于火力发电，是利用蒸汽的热能在汽轮机中转变为机械能，然后带动发电机发电。参阅图8-2。

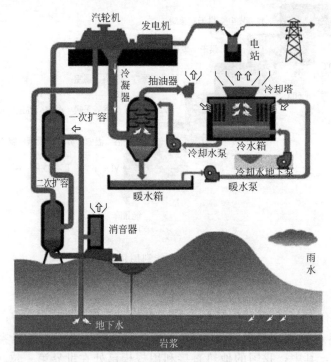

图 8-2　地热发电示意图

（1）蒸汽型地热发电

蒸汽型地热发电是把蒸汽田中的干蒸汽直接引入汽轮发电机组发电，但在引入发电机组前应把蒸汽中所含的岩屑和水滴分离出去。蒸汽型地热发电主要分为背压式和凝汽式发电系统。

① 背压式汽轮机发电　把干蒸汽从蒸汽井中引出，先加以净化，经过分离器分离出所含的固体杂质，然后由蒸汽推动汽轮发电机组发电，排汽放空（或送热用户）。这是最简单的发电方式，大多用于地热蒸汽中不凝结气体含量很高的场合，或者综合利用于工农业生产和生活用水。图8-3为背压式发电原理图。

② 凝汽式汽轮机发电　蒸汽在汽轮机内部推动叶片膨胀做功，带动汽轮机转子高速旋转并带动发电机向外供电。做功后的蒸汽通常排入混合式凝汽器，冷却后再排出。在该系统中，蒸汽在汽轮机中能膨胀到很低的压力，所以能做出更多的功。这种系统适用于高温160℃的地热田的发电，系统简单。图8-4为凝汽式发电原理图。

（2）热水型地热发电

热水型地热发电是地热发电的主要方式。目前热水型地热电站有两种循环系统。

① 闪蒸法地热发电　将地热井口来的地热水，先送到闪蒸器中进行降压闪蒸（或称扩容），使其产生部分蒸汽，再引入到常规汽轮机做功发电。汽轮机排出的蒸汽在混合式蒸汽器内冷凝成水，送往冷却塔，分离器中剩下的含盐水排入环境或打入地下，或引入作为第二级的低压闪蒸分离器中，分离出低压蒸汽引入汽轮机的中部某一膨胀阀做功。用这种方法产生蒸汽来发电就叫做闪蒸法地热发电。图8-5为闪蒸法地热发电原理图。

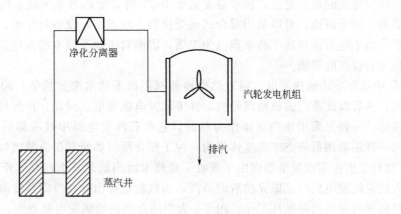

图 8-3 背压式发电原理图

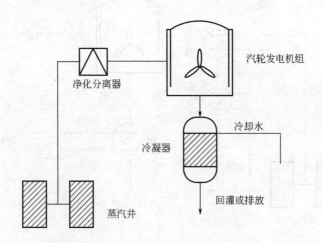

图 8-4 凝汽式发电原理图

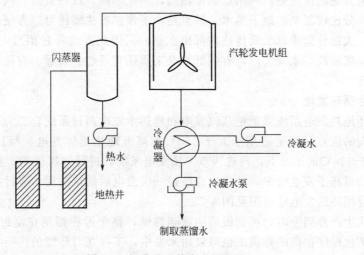

图 8-5 闪蒸法地热发电原理图

采用闪蒸法的地热电站，热水温度低于100℃时，全热力系统处于负压状态。这种电站设备简单，易于制造，可以采用混合式热交换器。缺点是：设备尺寸大，容易腐蚀结垢，热效率低。由于是直接以地下热水蒸汽为工质，因而对于地下热水的温度、矿化度以及不凝气体含量等有较高的要求。

② 中间介质法地热发电　通过热交换器利用地下热水来加热某种沸点的工质，使之变为蒸汽，然后以此蒸汽去推动汽轮机，并带动发电机发电。因此，在此种发电系统中，采用两种流体：一种是采用地热流体作为热源，它在蒸汽发生器中被冷却后排入环境或打入地下；另一种是采用低沸点工质流体作为一种工作介质（如氟利昂、异戊烷、异丁烷、正丁烷等），这种工质在蒸汽发生器内由于吸收了地热水放出的热量而汽化，产生的低沸点工质蒸汽送入汽轮机发电机组。做完功后的蒸汽，由汽轮机排出并在冷凝器冷凝成液体，然后经循环泵打回蒸汽发生器再循环工作。图8-6为中间介质法地热发电原理图。

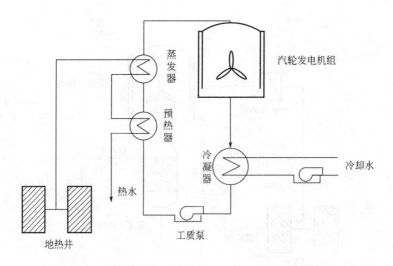

图 8-6　中间介质法地热发电原理图

这种发电方法的优点是：利用低温位热能，热效率高，设备紧凑，汽轮机的尺寸小，易于适应化学成分比较复杂的地下热水。缺点是：不像扩容法那样可以方便地使用混合式蒸发器和冷凝器；大部分低沸点工质传热性都比水差，采用此方式需有相当大的金属换热面积；低沸点工质价格较高，来源欠广，有些低沸点工质还有易燃、易爆、有毒、不稳定、对金属有腐蚀等特性。

（3）联合循环发电

联合循环地热发电系统就是把蒸汽发电和地热水发电两种系统合二为一。这种地热发电系统一个最大的优点，就是适用于大于150℃的高温地热流体发电，经过一次发电后的流体，在不低于120℃的工况下，再进入双工质发电系统，进行二次做功，重复利用了地热流体的热能，既提高了发电效率，又将以往经过一次发电后的排放尾水进行再利用，大大节约了资源。联合循环法发电原理图见图8-7。

该系统从生产井到发电，再到最后回灌到热储，整个过程都是在全封闭系统中运行的，因此即使是矿化程度很高的热卤水也可以用来发电，不存在对环境的污染。同时，由于是全封闭的系统，在地热电站也没有刺鼻的硫化氢味道，因而是100%的环保型地热系统。这种地热发电系统进行100%的地热水回灌，从而延长了地热田的使用寿命。

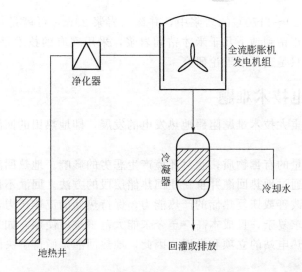

图 8-7　联合循环法发电原理图

（4）利用地下热岩石发电

① 热干岩发电　与那些只从火山活动频繁地区的温泉中提取热能的方法相比，热干岩过程法不受地理限制，可以在任何地方进行热能开采。首先将水通过压力泵压入地下 4～6km 深处，在此处岩石层的温度大约在 200℃。水在高温岩石层被加热后通过管道加压后取到地面，并输入各热交换器中加热热水剂。热水剂推动汽轮机将热能转化成电能。而推动汽轮机工作的热水剂冷却后，再重新输入地下供循环水使用。这种地热发电机的成本与其他再生能源的发电成本相比是有竞争力的，而且这种方法在发电过程中不产生废水、废气等污染，所以它是未来的新能源。参阅图 8-8。

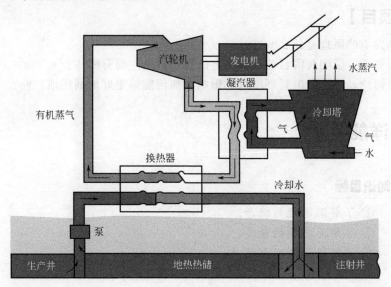

图 8-8　热干岩发电应用原理图

② 岩浆发电　在现在的地热发电中，地热储层中的热源是地下深部的熔融岩浆。所谓岩浆发电就是把井钻至岩浆，直接获取那里的热量。这一方式在技术上是否可行，是否能把井钻至高温岩浆，人们一直在研究中。到目前为止，夏威夷进行了钻井研究，想用喷水式钻

头把井钻到温度为 1020～1170℃的岩浆中，并深入岩浆 29m，可就是这样，也只是浅地表的个别情况，如果真正钻到地下几千米才钻到岩浆，采用现有的技术是很难实现的。另外，从岩浆中提取热量，只是进行了理论研究。

8.1.4　地热发电技术难题

目前主要有三个重大技术难题阻碍地热发电的发展，即地热田的回灌、腐蚀和结垢。

(1) 回灌

地热水中含有大量的有毒物质，会对环境产生恶劣的影响。地热回灌是把经过利用的地热流体或其他水源，通过地热回灌井重新注回热储层段的方法。回灌不仅可以很好地解决地热废水问题，还可以改善或恢复热储的产热能力，保持热储的流体压力，维持地热田的开采条件。但回灌技术要求复杂，且成本高，至今未能大范围推广使用，如果不能有效地解决回灌问题，将会影响地热电站的立项和发展。因此，地热回灌是亟待解决的关键问题。

(2) 腐蚀

地热流体中含有很多化学物质，其中主要的腐蚀介质有溶解氧、H^+、Cl^-、H_2S 等，再加上流体的温度、流速、压力等因素的影响，地热流体对各种金属表面都会产生不同程度的影响，直接影响设备的使用寿命。地热电站腐蚀严重的部位多集中在负压系统，其次是汽封片、冷油器、阀门等。腐蚀速度最快的是射水泵叶轮、轴套和密封圈。

(3) 结垢

由于地热水资源中矿物质含量比较高，在抽到地面做功的过程中，温度和压力会发生很大的变化，进而影响到各种矿物质的溶解度，结果导致矿物质从水中析出，产生沉淀结垢。如在井管内结垢，会影响到地热流体的采出量，加大管道内的流动阻力，进而增加能耗；如换热表面结垢，则会增加传热阻力；垢层不完整处还会造成垢下腐蚀。

【可练习项目】

(1) 地热发电的原理是什么？

(2) 查阅资料，说明我国目前地热发电的商用技术主要有哪些？

(3) 分组讨论，地热发电对环境有无影响？如何能够更好地利用地热能？

8.2　海洋能

 **知识目标**

① 了解海洋能的概念。

② 了解海洋能的分类。

③ 了解海洋能发电技术。

【知识描述】

8.2.1　海洋能概念

海洋能指依附在海水中的可再生能源，海洋通过各种物理过程接收、储存和散发能量，这些能量以潮汐、波浪、温度差、盐度梯度、海流等形式存在于海洋之中。

地球表面积约为 $5.1 \times 10^8 km^2$，其中陆地表面积为 $1.49 \times 10^8 km^2$，占 29%；海洋面积达 $3.61 \times 10^8 km^2$。以海平面计，全部陆地的平均海拔约为 840m，而海洋的平均深度却为 380m，整个海水的容积多达 $1.37 \times 10^9 km^3$。一望无际的大海，不仅为人类提供航运、水源和丰富的矿藏，而且还蕴藏着巨大的能量，它将太阳能以及派生的风能等以热能、机械能等形式蓄在海水里，不像在陆地和空中那样容易散失。

8.2.2 海洋能利用分类

海洋能可以分为潮汐能、波浪能、温差能、盐差能、海流能等。

(1) 潮汐能

潮汐能指在涨潮和落潮过程中产生的势能。潮汐能的强度与潮头数量和落差有关。通常潮头落差大于 3m 的潮汐就具有产能利用价值。潮汐能主要用于发电。

(2) 波浪能

波浪能指蕴藏在海面波浪中的动能和势能。浪能主要用于发电，同时也可用于输送和抽运水、供暖、海水脱盐和制造氢气。

(3) 温差能

海水温差能是指海洋表层海水和深层海水之间水温差的热能，是海洋能的一种重要形式。低纬度的海面水温较高，与深层冷水存在温度差而储存着温差热能，其能量与温差的大小和水量成正比。

温差能的主要利用方式为发电。首次提出利用海水温差发电设想的是法国物理学家阿松瓦尔，1926 年，阿松瓦尔的学生克劳德试验成功海水温差发电。1930 年，克劳德在古巴海滨建造了世界上第一座海水温差发电站，获得了 10kW 的功率。温差能利用的最大困难是温差太小，能量密度低，其效率仅有 3% 左右，而且换热面积大，建设费用高，各国仍在积极探索中。

(4) 盐差能

盐差能是指海水和淡水之间或两种含盐浓度不同的海水之间的化学电位差能，是以化学能形态出现的海洋能，主要存在于河海交接处。同时，淡水丰富地区的盐湖和地下盐矿也可以利用盐差能。盐差能是海洋能中能量密度最大的一种可再生能源。

据估计，世界各河口区的盐差能达 30TW，可能利用的有 2.6TW。我国的盐差能估计为 $1.1 \times 10^8 kW$，主要集中在各大江河的出海口处，同时，我国青海省等地还有不少内陆盐湖可以利用。盐差能的研究以美国、以色列的研究为先，中国、瑞典和日本等也开展了一些研究。但总体上，对盐差能这种新能源的研究还处于实验室水平，离示范应用还有较长的距离。

(5) 海流能

海流能是指海水流动的动能，主要是指海底水道和海峡中较为稳定的流动以及由于潮汐导致的有规律的海水流动所产生的能量，是另一种以动能形态出现的海洋能。

海流能的利用方式主要是发电，其原理和风力发电相似。全世界海流能的理论估算值约为 $10^8 kW$ 数量级。利用中国沿海 130 个水道、航门的各种观测及分析资料，计算统计获得中国沿海海流能的年平均功率理论值约为 $1.4 \times 10^7 kW$，属于世界上功率密度最大的地区之一，其中辽宁、山东、浙江、福建和台湾沿海的海流能较为丰富，不少水道的能量密度为 $15 \sim 30 kW/m^2$，具有良好的开发价值。特别是浙江的舟山群岛的金塘、龟山和西堠门水道，平均功率密度在 $20 kW/m^2$ 以上，开发环境和条件很好。

（6）海风能

近海风能是地球表面大量空气流动所产生的动能。

在海洋上，风力比陆地上更加强劲，方向也更加单一。据专家估测，一台同样功率的海洋风电机在一年内的产电量，能比陆地风电机提高70％。海风能发电的原理：风力作用在叶轮上，将动能转换成机械能，从而推动叶轮旋转，再通过增速机将旋转的速度提升，来促使发电机发电。我国近海风能资源是陆上风能资源的3倍，可开发和利用的海风能储量有7.5亿千瓦。东南沿海及其岛屿是我国最大的海风能资源区。海风能资源丰富区有山东半岛、辽东半岛、黄海之滨，南澳岛以西的南海沿海、海南岛和南海诸岛。

8.2.3   海洋能发电

海洋热能发电有两种方式：第一种是将低沸点工质加热成蒸汽；第二种是将温水直接送入真空室使之沸腾变成蒸汽。蒸汽用来推动汽轮发电机发电，最后从600～1000m深处抽冷水使蒸汽冷凝。第一种采取闭式循环，第二种采取开式循环。

实践证明，开式循环比闭式循环有更多的优点：①以温海水作工质，可避免氨或二氯二氟甲烷等有毒物质对海洋的污染；②开式循环是直接接触热交换器，价廉且效率高；③直接接触热交换器可采用塑料制造，在温海水中的抗腐蚀性高；④能产生副产品——蒸馏水。开式循环也有缺点：产生的蒸汽密度低，汽轮机体积大；变成蒸汽的海水排回海洋后，会影响附近生物的生存环境。

（1）温差发电

是以非共沸介质（氟里昂-22与氟里昂-12的混合体）为媒质，输出功率是以前的1.1～1.2倍。一座75kW试验工厂的试运行证明，由于热交换器采用平板装置，所需抽水量很小，传动功率的消耗很少，其他配件费用也低，再加上用计算机控制，净电输出功率可达额定功率的70％。一座3000kW级的电站，每千瓦时的发电成本只有50日元（合人民币3元）以下，比柴油发电价格还低。

（2）潮汐发电

汹涌澎湃的大海，在太阳和月亮的引潮力作用下起伏运动，夜以继日，年复一年。海水的这种有规律的涨落现象就是潮汐。潮汐发电就是利用潮汐能的一种重要方式。潮汐电站按照运行方式和对设备要求的不同，可以分成单库单向型、单库双向型和双库单向型三种。

据初步估计，全世界潮汐能约有10亿多千瓦，每年可发电2万亿～3万亿千瓦时。我国的海岸线长度达18000km，至少有2800万千瓦潮汐电力资源，年发电量最低不小于700亿千瓦时。

早在12世纪，人类就开始利用潮汐能。法国沿海布列塔尼省就建起了"潮磨"，利用潮汐能代替人力推磨。随着科学技术的进步，人们开始筑坝拦水，建起潮汐电站。

法国在布列塔尼省建成了世界上第一座大型潮汐发电站，电站规模宏大，大坝全长750m，坝顶是公路。平均潮差8.5m，最大潮差13.5m。每年发电量为5.44亿千瓦时。

新中国成立后，在沿海建过一些小型潮汐电站。例如，广东省顺德的大良潮汐电站（144kW）、福建厦门的华美太古潮汐电站（220kW）、浙江温岭的沙山潮汐电站（40kW）及象山的高塘潮汐电站（450kW）。

（3）波力发电

"无风三尺浪"是奔腾不息的大海的真实写照。海浪有惊人的力量，5m高的海浪，每平方米压力就有10t。大浪能把13t重的岩石抛至20m高处，能翻转1700t重的岩石，甚至能把上万吨的巨轮推上岸去。

海浪蕴藏的总能量是大得惊人的。据估计地球上海浪中蕴藏着的能量相当于 90 万亿千瓦时的电能。

8.3　可燃冰

知识目标

① 了解可燃冰的概念。
② 了解可燃冰的组成结构。
③ 了解海可燃冰的开采技术。

【知识描述】

8.3.1　可燃冰概念及组成结构

(1) 可燃冰概念

天然气水合物是分布于深海沉积物或陆域的永久冻土中，由天然气与水在高压低温条件下形成的类冰状的结晶物质。分子式为 $CH_4 \cdot 8H_2O$。因其外观像冰一样，而且遇火即可燃烧，所以又被称作"可燃冰"，或者"固体瓦斯"和"气冰"。

天然气水合物甲烷含量占 $80\% \sim 99.9\%$，燃烧污染比煤、石油、天然气都小得多，而且储量丰富，全球储量足够人类使用 1000 年，因而被各国视为未来石油天然气的替代能源。

(2) 可燃冰组成结构

可燃冰是一种白色固体物质，是天然气在 0℃ 和 30 个大气压的作用下结晶而成的"冰块"。"冰块"里甲烷占 $80\% \sim 99.9\%$，可直接点燃。可燃冰的分子结构就像一个一个由若干水分子组成的笼子。组成天然气的成分如 CH_4、C_2H_6、C_3H_8、C_4H_{10} 等同系物以及 CO_2、N_2、H_2S 等可形成单种或多种天然气水合物。形成天然气水合物的主要气体为甲烷，甲烷分子含量超过 99% 的天然气水合物通常称为甲烷水合物。一旦温度升高或压强降低，甲烷气则会逸出，固体水合物便趋于崩解。

(3) 形成可燃冰的条件

形成可燃冰有三个基本条件：温度、压力和气源。

① 低温　可燃冰在 $0 \sim 10℃$ 时生成，超过 20℃ 便会分解。海底温度一般保持在 $2 \sim 4℃$ 左右。

② 高压　可燃冰在 0℃ 时，只需 30 个大气压即可生成，而以海洋的深度，30 个大气压很容易保证，并且气压越大，水合物就越不容易分解。

③ 充足的气源　海底的有机物沉淀，其中丰富的碳经过生物转化，可产生充足的气源。

海底的地层是多孔介质，在温度、压力、气源三者都具备的条件下，可燃冰晶体就会在介质的空隙间中生成。

8.3.2　可燃冰开采方法

世界上至今还没有完美的开采方案。科学家认为，该矿藏哪怕受到最小的破坏，甚至是自然的破坏，就足以导致甲烷气的大量散失。"可燃冰"中甲烷的总量大致是大气中甲烷数量的 3000 倍。作为短期温室气体，甲烷比二氧化碳所产生的温室效应要大得多。开采的最大难点是保证井底稳定，使甲烷气不泄漏、不引发温室效应。

（1）热激发开采法

热激发开采法是直接对天然气水合物层进行加热，使天然气水合物层的温度超过其平衡温度，从而促使天然气水合物分解为水与天然气的开采方法。这种方法经历了直接向天然气水合物层中注入热流体加热、火驱法加热、井下电磁加热以及微波加热等发展历程。热激发开采法可实现循环注热，且作用方式较快。但这种方法至今尚未很好地解决热利用效率较低的问题，而且只能进行局部加热，有待进一步完善。

（2）减压开采法

减压开采法是一种通过降低压力促使天然气水合物分解的开采方法。减压途径主要有两种：①采用低密度泥浆钻井达到减压目的；②当天然气水合物层下方存在游离气或其他流体时，通过泵出天然气水合物层下方的游离气或其他流体来降低天然气水合物层的压力。减压开采法不需要连续激发，成本较低，适合大面积开采，尤其适用于存在下伏游离气层的天然气水合物层的开采，是天然气水合物传统开采方法中最有前景的一种技术。但它对天然气水合物层的性质有特殊的要求，只有当天然气水合物层位于温压平衡边界附近时，减压开采法才具有经济可行性。

（3）化学试剂注入开采法

通过向天然气水合物层中注入某些化学试剂，如盐水、甲醇、乙醇、乙二醇、丙三醇等，破坏天然气水合物层的相平衡条件，促使天然气水合物分解。这种方法虽然可降低初期的能量输入，但缺陷却很明显，它所需的化学试剂费用昂贵，对天然气水合物层的作用缓慢，而且还会带来一些环境问题。对这种方法投入的研究相对较少。

（4）CO_2置换开采法

这种方法首先由日本研究者提出，方法依据的仍然是天然气水合物稳定带的压力条件。在一定的温度条件下，天然气水合物保持稳定需要的压力比 CO_2 水合物更高。因此在某一特定的压力范围内，天然气水合物会分解，而 CO_2 水合物则易于形成并保持稳定。如果此时向天然气水合物层内注入 CO_2 气体，CO_2 气体就可能与天然气水合物分解出的水生成 CO_2 水合物。这种作用释放出的热量可使天然气水合物的分解反应得以持续地进行下去。

（5）固体开采法

固体开采法最初是直接采集海底固态天然气水合物，将天然气水合物拖至浅水区进行控制性分解。该方法进而演化为混合开采法或称矿泥浆开采法。具体步骤是：首先促使天然气水合物在原地分解为气液混合相，采集混有气、液、固体水合物的混合泥浆，然后将这种混合泥浆导入海面作业船或生产平台进行处理，促使天然气水合物彻底分解，从而获取天然气。

【可练习项目】

（1）可燃冰的开采技术有哪些？
（2）查阅资料，说明我国在可燃冰利用方面的现状。

参考文献

王革华．新能源概论．北京：化学工业出版社，2013.